Stefan Kaduk, Dirk Osmetz, Stefanie Rödel
Sprechblasen der Organisationskultur

Stefan Kaduk, Dirk Osmetz, Stefanie Rödel

Sprechblasen der Organisationskultur

Ein Glossar

Dieses Buch ist erhältlich als:
ISBN 978-3-407-36774-7 Print
ISBN 978-3-407-36910-9 E-Book (PDF)
ISBN 978-3-407-36911-6 E-Book (EPUB)

1. Auflage 2021

© 2021 Beltz
in der Verlagsgruppe Beltz · Weinheim Basel
Werderstraße 10, 69469 Weinheim
Alle Rechte vorbehalten

Lektorat: Konrad Bronberger
Fotos Innenteil: © gettyimages: fizkes (S. 10 und S. 80), urbazon (S. 17),
mladenbalinovac (S. 41), Jovanmandic (S. 64), Pekic (S. 68), hjalmeida (S. 73),
Synergee (S. 100), DNY59 (S. 105)
Umschlaggestaltung: Jonathan Bachmann

Satz und Herstellung: Michael Matl
Druck und Bindung: Beltz Grafische Betriebe, Bad Langensalza
Printed in Germany

Weitere Informationen zu unseren Autor_innen und Titeln finden Sie unter:
www.beltz.de

Inhalt

Einleitung

Die Kultur einer Organisation hat eine interessante Doppelrolle. Einerseits lassen sich auf sie sowohl Erfolge als auch Schieflagen der Organisation zurückführen. Wenn keine weiteren Erklärungen mehr zu finden sind, ist sie die Letztbegründung für sämtliche Phänomene, die in Organisationen zu beobachten sind. Andererseits wird Organisationskultur in einem gestalterischen Sinne als Schlüssel für buchstäblich alles angesehen. Beide Rollen vermischen sich natürlich, Henne und Ei sind zu keinem Zeitpunkt voneinander zu trennen.

Es wird vermutlich deshalb so viel über Organisationskultur gesprochen, weil ihr Wesen nicht zu durchdringen ist. Deshalb haben wohl auch solche Definitionen den größten Charme, die erst gar nicht den Versuch einer umfassenden wissenschaftlich inspirierten Begriffsfassung unternehmen. Kultur sei die Summe aller Selbstverständlichkeiten, so lautet eine dieser knappen Definitionen, die einiges offen lässt, aber vieles erhellt. Eine andere Annäherung an den Begriff geht davon aus, dass Kultur immer das Ergebnis von etwas ist. Wir finden dieses Verständnis sehr passend, da wir glauben, dass Kultur tatsächlich das entscheidende Schmiermittel für das Funktionieren von Organisationen ist, aber letztlich nie im direkten Zugriff gestaltet oder gemanagt werden kann. Kultur ist aus unserer Sicht eine Reaktionsgröße, keine Stellschraube. Das bedeutet nicht, dass es nicht kluge oder weniger kluge Interventionen gibt, die im Ergebnis eine Kultur in einer bestimmten Richtung beeinflussen. Insofern widerspricht unsere Position nicht der oben erläuterten Doppelrolle.

In diesem Buch geht es nicht darum, Organisationskultur besser oder gänzlich neu zu definieren. Wir unternehmen auch nicht den Versuch, anhand ausgewählter Begriffe »richtige« Wege zu einer wie auch immer gearteten Kultur aufzuzeigen. Unser Anspruch mit diesem Glossar ist ein vergleichsweise bescheidener. Wir nehmen – und diese Auswahl ist freilich subjektiv, eklektisch und von unseren individuellen Erfahrungen geleitet – eine Reihe von Begriffen unter die Lupe, die in der aktuellen Diskussion um die Organisationskultur eine Rolle spielen. Dabei handelt es sich um »Evergreens«, die – wie etwa »Vertrauen« – auf einer Haltung basieren, um Wörter (auch Buzzwords) im erweiterten New-Work-Kontext und um Glaubenssätze, die anscheinend (oder scheinbar) für eine gute Organisationskultur stehen. Wir bieten einen zweiten Blick an, eine andere Perspektive auf Bekanntes und auf vermeintlich uninteressante Nebenschauplätze.

Ganz bewusst folgen die einzelnen Abschnitte in ihrem Aufbau keinem Schema. So sind manche etwa ausführlicher und »wissenschaftlicher« formuliert, andere etwas flapsiger, provokativer und teilweise auch unterhaltender. Durch viele Texte zieht sich ein leicht ironischer Unterton. Es gibt gerade im Feld der Organisationskultur eine Reihe von Begriffen, Überzeugungen, Ausdrucksweisen und auch »Sprüchen«, die in ihrer inflationären Wiederkehr durchaus belustigen – vor allem dann, wenn es sich um unreflektierte Forderungen handelt. Da wir Teil der »Organisationskulturszene« sind, schwingt selbstverständlich eine große Portion Selbstironie mit.

Viele der behandelten Begriffe haben den Charakter von »Plastikwörtern«. Diesen Neologismus hat der emeritierte Freiburger Sprachwissenschaftler Uwe Pörksen im Jahr 1988 mit seinem Buch »Plastikwörter – Die Sprache einer internationalen Diktatur« ins Spiel gebracht. Die gesamte Unternehmenssprache ist voll von immer wieder gebrauchten Begriffen und Wendungen, von Sprechblasen, die zwar nicht falsch, aber eigentümlich leer sind. Plastikwörter sind nach Pörksen »Alltagsdietriche«, die – automatisch mit einem Pluszeichen versehen – inhaltlich der Schlüssel zu allem und daher mehrheitsfähig sind. Ihre Herkunft ist meist die Welt der Wissenschaft, und stets schwingt ein Imperativ mit. Insbesondere durch den letzten Aspekt wird deutlich, wie sehr die Diskussion über Organisationskultur von dieser Wortgattung durchdrungen ist. Schließlich lässt sich jeder Schlüsselbegriff aus einem Leitbild als eine entsprechende Forderung formulieren: »Wir benötigen mehr Wertschätzung, Transparenz, Offenheit... Wir müssen endlich eine Vertrauens-, Fehler- oder sonstige Kultur leben...«. Die Liste lässt sich beliebig fortsetzen. Es ist uns bewusst, dass Pörksen strenge Maßstäbe dafür anlegt, wann es sich um ein Plastikwort handelt und wann nicht. Dass wir diesen kraftvollen Begriff dennoch verwenden und dieses Glossar als Versuch verstehen, hinter die Bühne der konsenstauglichen Plastikwörter zu blicken, ist daher als Hommage an die geistreiche Analyse von Uwe Pörksen zu verstehen.

Ein letztes Wort: Wir haben uns nach langer Diskussion dazu entschlossen, die Endungen von Substantiven mit wertschätzender Beliebigkeit zu setzen. So wird beispielsweise, ohne dass irgendeine Absicht dahintersteht, in bunter Mischung von »Mitarbeitenden«, »Mitarbeiterinnen und Mitarbeitern« und auch nur von »Mitarbeitern« die Rede sein. In allen Fällen sind alle Menschen gemeint, die sich für Organisationskultur interessieren.

»Wir müssen in der Umsetzung von
Agilität
schneller werden!«

Wäre man vor gut zehn Jahren gefragt worden, was man mit Agilität verbindet – vorausgesetzt man war kein Programmierer –, hätte man vermutlich gesagt: »Ein älteres Rentner-Ehepaar, das im Alter von 70 Jahren noch mit dem Wohnmobil durch Italien fährt.« Mittlerweile kann »agil« ohne Zweifel als die »Sau« angesehen werden, die in den letzten Jahren am häufigsten durch die »Unternehmensdörfer« getrieben wurde.

Agil ist für viele eine Haltung, die mit einer Reihe von Methoden, von Scrum über Design Thinking und Kanban-Boards bis hin zu OKRs, verknüpft wird. Viele – vor allem Manager – lassen die Haltung weg und konzentrieren sich nur auf die Methoden. Wieder andere verknüpfen die einschlägigen Unternehmensnamen aus dem Silicon Valley mit Agilität.

Wie häufig in der Industrie der Managementmoden ist es schwierig, sich einen Überblick zu verschaffen. Zunächst einmal verspricht Agilität eine Antwort auf Fragen, die man sich im Management seit Jahrzehnten stellt: Warum scheitern Organisationen und Projekte immer häufiger mit jener Planungslogik, die die Produktivitätsgewinne um den Faktor 100 ansteigen ließen? Gelang es doch mit dem Prinzip der Wasserfallplanung, Kriege zu gewinnen, wirtschaftlich den Globus zu erobern und Menschen auf den

> Warum scheitern Organisationen und Projekte immer häufiger mit jener Planungslogik, die die Produktivitätsgewinne um den Faktor 100 ansteigen ließen?

Mond zu bringen. Doch mit diesen Erfolgen nahmen Dynamik und Störanfälligkeit zu. Kunden wurden unberechenbar, Lieferketten anfällig gegen unvorhersehbare Einwirkungen, Algorithmen so komplex, dass ein Durchdenken aller Schritte im Voraus nicht zum Ergebnis führen kann. Es ist offensichtlich, dass der IT-Sektor früher als andere Branchen unter diesen Komplexitätsdruck geriet. Vermutlich auch, weil die IT sich im auslaufenden 20. Jahrhundert in sämtliche andere Branchen »eingemischt« hatte. Vielleicht erinnert sich der eine oder die andere noch dunkel an die für den Sprung ins Jahr 2000 prophezeite Computerapokalypse. Man glaubte, dass Flugzeuge und Satelliten abstürzen könnten, Atomkraftwerken der Super-GAU drohte und die Grundversorgung gefährdet sei. Diese Prophezeiungen sind nicht eingetreten, aber die Menschen spürten erstmals, wie abhängig man von der IT war.

Und es beschlich einen die Befürchtung, dass man all die Programme, Algorithmen und Codes nicht mehr wirklich im

Griff hatte. Es erscheint folgerichtig, dass sich ein Jahr später 17 Software-Entwickler in Snowbird, Utah trafen, um darüber zu diskutieren, wie man Software entwickeln könnte, ohne die hohe Versagerquote in Kauf nehmen zu müssen. Man formulierte das »Agile Manifest« – eine Sammlung von gegenübergestellten Begriffen, bei denen einer Seite der Vorrang gegeben wurde. Eine Auswahl:

- Individuen und Interaktionen vor Prozessen und Werkzeugen
- Funktionierende Software vor umfassender Dokumentation
- Zusammenarbeit mit dem Kunden vor Vertragsverhandlung
- Reagieren auf Veränderung vor dem Befolgen eines Plans.

D abei sagten diese 17 Entwickler nicht, dass die rechte Seite keinerlei Relevanz mehr haben sollte. Die Botschaft dieses Manifests ist die, dass die linke Seite ein viel größeres Gewicht bekommen müsse.

Interessant ist im Übrigen, dass Geschwindigkeit in den insgesamt zwölf Prinzipien agiler Arbeit nicht gesondert berücksichtigt wurde. Sie spielt nur in Bezug auf das Testen und den Austausch eine Rolle. Das erachten wir deshalb als interessant, weil häufig der Sprint zum Synonym von agilem Arbeiten gemacht wird. Die Begründer des Manifests waren Naturwissenschaftler und wussten natürlich, dass Schnelligkeit keinen Wert an sich hat. Im Gegenteil: Sie bewirkt das Gegenteil von »behände, beweglich und lenksam«, wie es die lateinische Herkunft des Begriffes »agilis« beschreibt. Denn aus

> Die Begründer des Manifests waren Naturwissenschaftler und wussten natürlich, dass Schnelligkeit keinen Wert an sich hat.

der Bewegungslehre ist klar, dass mit steigender Geschwindigkeit bewegte Körper die Fähigkeit für spontane und ausgeprägte Richtungsänderungen verlieren. Sie werden starr und stabil.

Die Software oder das Produkt bereits in der Entwicklung an neue Marktbedingungen anzupassen, immer wieder zu reflektieren, auszuprobieren und zu testen, zurückzublicken und aus den Fehlern der letzten Wochen zu lernen, das sind die behänden und beweglichen Momente, die mit Beschleunigung gerade nichts zu tun haben. Doch leider bleibt in der praktischen Anwendung genau dafür keine Zeit. Das ist aber ein Problem, für das vor allem der weitverbreitete Zielansatz der Effizienz verantwortlich ist. Denn hier wird über eine lange Planungsperiode die Zielerreichung bemessen und die Wirtschaftlichkeit in den Fokus gestellt. Das Ergebnis wird im Vorfeld definiert, mit dem Ziel, es mit möglichst wenig Ressourcenverbrauch in gegebener Zeit zu erreichen. Das entspricht nicht dem agilen Ansatz, der mit festen Kosten und in einem definierten Zeitrahmen das maximal mögliche Ziel zu erreichen sucht.

Eine zweite These, warum agiles Arbeiten sich nur ansatzweise erfolgreich durchsetzt und haufig zum Vorderbuhnenspiel verkommt, nimmt das Phänomen des Machtverlustes in den Blick. Viele Manager können es nicht ertragen, den agilen Teams die Eigenverantwortung zu ermöglichen, die sie benötigen. Dazu gehört, ihnen die Hoheit über das Abarbeiten des Arbeitsrückstands (Backlog) zu überlassen. Das Team entscheidet in Abstimmung mit der Kundenvertretung (Product Owner), was wie priorisiert wird. Sobald das Linienmanagement in das Backlog der agilen Teams eingreift, wird agile Arbeit verunmöglicht.

Wenn man sich also dazu entscheidet, agiles Arbeiten in der Organisation zu ermöglichen, dann bedeutet das einen konsequenten Umbau hin zu weniger Fremdorganisation und weniger Managementmacht. Agiles Arbeiten setzt das um, was der Wirtschaft in den letzten 100 Jahren etwas abhandengekommen ist: auf Sicht fahren, schnelles Prüfen und Anpassen und mit den Kunden im ständigen Austausch sein. Jeff Sutherland, der wohl bekannteste Begründer des Agilen Manifests und Wegbereiter von Scrum, schlägt Folgendes vor: »Ab und zu hält man inne, analysiert das bisherige Vorgehen und prüft, ob es noch immer zielführend ist und es sich nicht vielleicht verbessern ließe. Ein simples Konzept, dessen Umsetzung allerdings viel Gehirnschmalz, Selbstbeobachtung, Ehrlichkeit und Disziplin erfordert.«

> »Wir sind nicht schneller geworden – im Gegenteil, wir brauchen oft auch länger. Aber wir haben seitdem kein einziges Großprojekt mehr in den Sand gesetzt.«
>
> Aussage einer CEO

»Wir müssen uns auf
Augenhöhe
begegnen!«

Sobald es nötig ist zu betonen, dass man einander auf Augenhöhe begegnet, liegt schon viel im Argen.

Der erwünschte Zustand schließt aber nicht aus, jenseits des unverhandelbaren Respekts eine Begegnung als so beeindruckend wahrzunehmen, dass das Gegenüber in einem bewundernswerten Sinne als fachliche, moralische oder durch sonstige Quellen gespeiste Autorität einzustufen ist. Dann kann sich der Blick durchaus nach oben richten.

» **Authentizität**
ist ein echt
wichtiger Wert bei uns.«

»Bleiben Sie, wie Sie sind,
was anderes bleibt Ihnen eh' nicht übrig.«

Günter Grünwald

Authentizität ist in den letzten Jahren zu einem prominenten Thema geworden. Meist stehen dabei ein Klagen über fehlende oder abhanden gekommene Authentizität und folglich der Wunsch nach mehr »Echtheit« im Vordergrund – beispielsweise im Hinblick auf das Verhalten von Managern. Der Begriff »Authentizität« wird dabei kaum einer Reflexion unterzogen, im Unternehmenskontext beschränkt sich sein Gebrauch meist auf eine nicht weiter hinterfragte Forderung an das Management. Ganz offenkundig wird ein Defizit an Wahrhaftigkeit empfunden, was durch die vielfach diagnostizierte Diskrepanz zwischen Verlautbarung und Wirklichkeit (Stichworte: Corporate Governance, Unternehmensleitbilder) deutlich wird.

Es muss wohl nicht darüber gestritten werden, dass in der Regel diejenigen Zeitgenossen angenehmer sind, die keine Show machen und halbwegs das sagen, was sie denken und fühlen. Hingegen ist zu bedenken, dass einerseits authentisches Verhalten als gelebter Egoismus zutiefst unsozial oder gar unethisch sein kann, andererseits fehlende Authentizität, z. B. in Form von Scheinheiligkeit oder einer »Alibi-Mentalität«, Bestandteil des alltäglichen, durchaus auch erfolgreichen und belohnten Handelns in Organisationen ist. Eine vorschnelle positive Bewertung des Authentizitätsbegriffs ist also zu vermeiden. Diese Vorsicht ist umso mehr geboten, seit einem allenthalben der Imperativ »Sei ganz Du selbst!« entgegenschallt. Ungeachtet der individuellen Einschätzung, ob der grassierende Authentizitätswahn als Ärgernis oder als normale Überreaktion im Karriereverlauf eines Themas angesehen wird, lohnt sich ein differenzierender Blick.

> Eine vorschnelle positive Bewertung des Authentizitätsbegriffs ist zu vermeiden.

Der amerikanische Soziologe Michael Gibbons unterscheidet zwischen intrinsischer und extrinsischer Authentizität. Erstere ist prinzipiell nicht überprüfbar. Denken Sie beispielhaft an einen Country-Musiker, der sich mit Leib und Seele dieser Stilrichtung verschrieben hat. Doch was wäre, wenn er statt in Lederweste und Cowboy-Hut in einem Punk-Outfit aufträte? Ist diese Person nun authentisch – oder nicht? Hier kommt die extrinsische Authentizität ins Spiel. Sie beschreibt das Ergebnis der Bewertung einer Identität durch die Gruppe – Authentizität wird also von außen anerkannt, zugeschrieben oder attestiert. Es können also seitens des Individuums (z. B. von einer Führungskraft) Anstrengungen unternommen werden, vom Umfeld das Attribut »authentisch« verliehen zu bekommen, wenn man so will: Authentizitätsarbeit zu verrichten, um die begehrte »Street Credibility« zugesprochen zu bekommen. Genau dieser Aspekt macht die Auseinandersetzung mit Authentizität kompliziert. Wenn es sich nämlich in erster Linie um ein Evaluationskonzept im Zuge sozialer Interaktion – und nicht um eine Eigenschaft – handelt, dann greift das akzeptierte Verständnis von Authentizität als Übereinstimmung von »Denken, Fühlen und Handeln« in dem Sinne zu kurz, dass dabei nur an die intrinsische Authentizität appelliert werden, jedoch keine Problematisierung im größeren Kontext – beispielsweise der Organisationskultur – erfolgen kann.

Einen bedenkenswerten Ausweg hat die amerikanische Psychoanalytikerin Ruth Cohn skizziert. Im Rahmen ihres bekannten Konzepts der »Themenzentrierten Interaktion« schlägt sie eine Unterscheidung zwischen »maximaler Authentizität« und

»optimaler Authentizität« vor. Maximale Authentizität liege dann vor, wenn Gefühle, Motivationen und Gedanken reflektiert und klar ausgesprochen werden. Optimale Authentizität hingegen ist selektiv, denn hier wird die soziale Situationen berücksichtigt.

Wir glauben, dass diese Form der selektiven Authentizität genau das ist, was eine moderne Organisationskultur benötigt. Denn eine Organisation, in der alle ständig »gnadenlos echt« wären, wäre nicht auszuhalten. Eine so verstandene Aufrichtigkeit wäre am Ende mindestens anstrengend, wenn nicht sogar übergriffig. Niemand möchte im unternehmenseigenen Blog den CEO bei seinem Versuch beobachten müssen, den wahren Menschen hinter der kühl-distanzierten Vorstandsrolle zu zeigen. Das Privatfoto in Badehose ist fehl am Platz, denn Organisationen sind nicht die Arenen, in denen es um diese Form der ungezügelten Authentizität geht. Mit der selektiven Form wäre eine Menge erreicht, denn diese verweist auf bekannte Tugenden, deren Umsetzung völlig genügen. Also: Seien wir einfach »nur« verbindlich, zuverlässig, integer und berechenbar. Das ist völlig ausreichend. Für alles andere gibt es ein Leben jenseits des Organisationsgeschehens.

> Eine Organisation, in der alle ständig »gnadenlos echt« wären, wäre nicht auszuhalten.

»Wir befinden uns in einem tiefgreifenden Change.«

Bevor Sie Ihr nächstes Change-Projekt launchen, sollten Sie sich ein paar Fragen stellen:

- Was verkündet eigentlich ein Change Evangelist, und wer glaubt an ihn?
- Wie fühlt sich ein Leben an, in dem man 24/7 vom Wandel dauerbegeistert ist?
- Inwieweit ist der Spruch »Man kann nur seine Stabilität im ständigen Wandel finden« eine hilflose, rhetorische Nebelkerze?
- Glaubt man wirklich, dass man Change in acht Stufen erfolgreich bewältigen kann?
- Was ist, wenn uns in der Change-Kurve schlecht wird?
- Hat bei der letzten Change-Initiative irgendjemand mit Ihnen eine Bedrohlichkeitsprüfung gemacht? Haben Sie bestanden?
- Wie viele PS bringt ein »Katalysator der Veränderung«?
- Wie sieht es eigentlich in einem Change-Leuchtturm aus? Gibt es da fließend Wasser?
- Wie viele Stakeholder, Shareholder und Sparringspartner passen in ein Boot?

> Wie viele Stakeholder, Shareholder und Sparringspartner passen in ein Boot?

- Wie viel Change verträgt die Organisation?
- Was machen Sie, wenn die Beteiligten wieder zu Betroffenen werden wollen?
- Inwieweit würde es sich für Sie lohnen, bei sich zu Hause ein komplexes Family Change Management zu implementieren?
- Was wäre, wenn sich herausstellt, dass Change Management nur gemacht wird, weil niemand an die verbesserte Struktur glaubt?
- Ist die Steuerungsillusion ein Krankheitsbild?
- Wie viele Managerinnen kennen Sie, die einen Kulturwandel mit vollem Erfolg gemanagt haben?
- Wer hat sich das alles bloß ausgedacht?
- Wie viel Ohm hat aktiver oder passiver Widerstand in der Organisation?
- Wieso verhindern die meisten Organisationen trotz »Sense of Urgency« die Veränderung systematisch von innen heraus durch ihre Prozesse?

»Mehr Eigen-verantwortung, bitte!«

Eigenverantwortung beschreibt eine Haltung, die man für sich wie selbstverständlich reklamiert, anderen aber abspricht.

»Wir müssen für mehr

Empowerment

sorgen!«

»When they come to work, we want them, not their corporate clones.«

Herb Kelleher,
Gründer von Southwest Airlines

Manche Begriffe haben angesichts ihrer historischen Ursprünge eine solche Wucht, dass es sich fast verbietet, sie für vergleichsweise banale Zusammenhänge wie etwa Führungsbeziehungen oder Formen der Zusammenarbeit in Organisationen zu nutzen. Zu diesen Begriffen zählt auch Empowerment. Die »Bevollmächtigung« oder »Ermächtigung« unterdrückter Minderheiten oder marginalisierter Gruppen im Bildungs-, Migrations- oder psychosozialen Kontext ist in ihrer gesellschaftlichen Relevanz wohl nicht auf eine Stufe zu stellen mit den Problemlagen in Organisationen, deren Lösung Empowerment sein soll.

In modernen westlichen Gesellschaften sind Vokabeln wie »Unterdrückung« bei der Analyse von Arbeitsbeziehungen ganz sicher unpassend. Niemand kann ernsthaft behaupten, dass im fortgeschrittenen dritten Jahrtausend Mitarbeitenden jegliche Teilhabe verwehrt wird und sie im »stahlharten Gehäuse« des Unternehmens unter penibelster Kontrolle als kleine Rädchen zu funktionieren haben. Und doch gibt es gute Gründe,

Forderungen nach mehr Empowerment nicht als überkommenen »Partizipationskitsch« abzutun. Es ist manchmal nicht weit her mit den im Leitbild propagierten Entscheidungs- und Gestaltungsfreiräumen. Immer noch bedürfen Reisekostenabrechnungen vielfach mehrerer Unterschriften, immer noch existiert eine ausgefeilte Genehmigungslogik, und auch wenn sich inzwischen alle bis in die Vorstandsetage hinein duzen (müssen!), wird einer Expertin für Personalentwicklung nicht zugetraut, einen Führungskräfteworkshop mit den externen Beratern »im Alleingang« zu designen und durchzuführen. Und tatsächlich gibt es in Unternehmen Seminare mit dem Titel »Richtig gehen im Unternehmen«, in denen beispielsweise die korrekte Überquerung einer Straße im 90-Grad-Winkel gelehrt wird. Es sind diese zwischen subtiler Bevormundung und offensichtlicher Entmündigung schwankenden Einschränkungen in einem grundsätzlichen Klima weltoffener Lockerheit, die ein (erneutes) Nachdenken über Empowerment erforderlich machen.

> Es ist manchmal nicht weit her mit den im Leitbild propagierten Entscheidungs- und Gestaltungsfreiräumen

Für uns beschreibt Empowerment jene selbstverständliche Default-Einstellung, die davon ausgeht, dass Menschen dazu in der Lage sind, eigenständig im Sinne der Organisation zu denken und zu handeln. Dabei haben wir weniger die patriarchalisch angehauchte Idee der großzügigen, Freiraum gewährenden Führungskraft im Kopf. Gemeint ist nicht das von wohlwollendem Nicken begleitete Vergrößern der bespielbaren Rasenfläche. Die joviale Geste des Ermächtigens von weniger Mächtigen durch Mächtige hat einen etwas reaktionären Beigeschmack. Empowerment meint das unaufgeregte Herstellen eines Normalzustandes im Sinne folgender Frage: Wie können Menschen in Organisationen zu dem werden, was sie außerhalb der Organisation ohnehin sind – nämlich per definitionem kompetente Problemlösungsexpertinnen und -experten?

Wir empfehlen folgendes Gedankenexperiment:

Stellen Sie sich bitte eine typische Woche in Ihrem Privatleben vor. Sie tun ganz normale Dinge: Lebensmittel einkaufen, Arzttermine vereinbaren, Rechnungen bezahlen usw. Zählen Sie die Situationen, in denen Sie nicht auf Basis Ihrer Urteilskraft und »Selbstermächtigung« entscheiden könnten, wenn die Logik der Organisation auch im Privaten gelten würde? Denken Sie sich genau in diese Situationen hinein und erstellen Sie Ihre persönliche Stimmungs- und Energiebilanz der dann erlebten Unmündigkeit.

Auch wenn Ihre Lebensbalance darin bestehen sollte, beide Welten bewusst nicht zu trennen: Wechseln Sie nun gedanklich in Ihren Arbeits- und Organisationskontext und lassen einen Businesstag minutiös Revue passieren – vom Einchecken über die ersten Meetings und die Mittagspause bis hin zum Nachmittagsworkshop und das letzte Gespräch beim Espresso am Abend. In wie vielen Situationen wird Ihnen das eigene Urteilen abgenommen? Wie hoch schätzen Sie die Opportunitätskosten fehlenden Empowerments ein – unmittelbar für Sie und in der Folge für Ihre Kolleginnen und Mitarbeiter?

Was heißt genau „Kosten"?

– Arbeitsstunden mehr
– Kosten durch mehr Zeitaufwand
– sozial wie Bindung, innere Apprato- in Form von DNV ?

»Wir treffen unsere Entscheidungen

lieber schnell und falsch als gar nicht.«

> »Entscheidungen werden unter der Bedingung von Ungewissheit getroffen, denn sonst wären sie ja nicht notwendig.«

Ruth Seliger, Pädagogin, Philosophin und Organisationsberaterin

Zwei der knappsten Ressourcen in Organisationen seien die Zeit und die Aufmerksamkeit, so James March in seinem berühmten Werk »Entscheidung und Organisation«. Weder sei es möglich, alle Alternativen noch die jeweiligen Konsequenzen zu kennen. Außerdem seien Organisationen dazu in der Lage, alle ihre Ziele gleichzeitig in Angriff zu nehmen. In einem Interview beschreibt March die Umwelt der Entscheidungen als Welt komplexer Prozesse, Rückkopplungsmechanismen und überraschender Effekte.

Es gilt sich also zu entscheiden. Und damit das leichter gelingt, bieten Organisationen dafür einen Rahmen, der eine gewisse Komplexitätsreduktion verspricht. Das suggeriert, dass die Entscheidungen unter einem gewissen Grad an Bewusstheit und Zielgerichtetheit stattfinden. Doch March spricht genau das vielen Entscheidungsprozessen ab.

Es gilt sich also zu entscheiden

Wie sieht es nun aus mit der bekannten Aufforderung: »Lieber schnell und falsch entscheiden als gar nicht!«? Was wäre, wenn jemand schnell entschieden hätte, sich für das Nichtstun zu entscheiden? Wenn dieses Nichtstun falsch wäre, hätte sie sich entsprechend der Aussage verhalten. Sich nicht zu entscheiden wäre nur möglich, wenn man von nichts wüsste. Dann würde man ahnungslos zum Spielball fremder Entscheidungen werden. Doch das kommt in dem Zitat nicht zum Ausdruck. Vielleicht sollte es besser lauten: »Lieber schnell und falsch entscheiden als zu zögerlich!«. Doch auch die Entscheidung zu zögern ist eine. Entscheidungen sind nie alternativlos, auch wenn so die eine oder andere Managerin oder mancher Politiker argumentieren mag. In der Praxis könnte es sein, dass die Organisation durch ihre Prozesse, Abläufe, Regeln und Gesetze eine gefühlte Alternativlosigkeit vermittelt, die zu dem Empfinden führt, man könne sich nicht entscheiden. In diesem Fall fehlt es an dem Bewusstsein für die Entscheidungsfähigkeit. Da aber immer Alternativen vorliegen, ist das Entscheiden alternativlos, die Entscheidung ist es nicht.

> Die Organisation vermittelt durch ihre Prozesse, Abläufe, Regeln und Gesetze eine gefühlte Alternativlosigkeit.

Der zweite kritische Punkt dieses Zitats ist die Frage, ob es überhaupt falsche Entscheidungen gibt. »Die Wahl der einen Entscheidung zwingt zum Verzicht auf die anderen«, schreibt Luhmann in seinem Buch »Organisation und Entscheidung«. Mehr lässt sich nicht sagen. Man weiß im Nachgang zur Entscheidung nur, ob sich ein gewünschtes Ergebnis eingestellt hat oder eben nicht. Niemand kann wissen, ob eine andere Entscheidung richtig gewesen wäre. Wenn persönliche Werte zugrunde gelegt werden sollen, kann unterstellt werden, dass eine andere Entscheidung besser gewesen wäre – doch auch das kann niemand wissen. Auch eine in Studien und wissenschaftlichen Untersuchungen übliche Kontrollgruppe kann keine Letztgewissheit geben. Entscheidungen gilt es vor dem Hintergrund zu treffen, dass es immer auch anders hätte sein können. Doch diese Möglichkeit löst sich in dem Moment auf, in dem die getroffene Entscheidung umgesetzt wird. Was bleibt, ist nur eine vielleicht romantische, jedenfalls vage Vorstellung von den Alternativen, die man gehabt hätte.

Es erscheint also klug, davon auszugehen, dass man immer eine Entscheidung treffen muss. Es gibt keine Ausrede.

Beim Umgang mit Fehlern werden Fehler gemacht, vor allem in Unternehmen. Denn es wird versucht, den Fehler – oder zumindest den Umgang damit – zu organisieren. Und genau hier wird es paradox. Die Prozesse des Organisierens haben das Ziel, Fehler zu verhindern. Das Denken in Effizienz, Entscheidungsbefugnissen und klar definierten Abläufen soll zu einer optimalen Zielerreichung führen. Darum mögen Organisationen keine Fehler, denn deren Behebung benötigt Zeit, macht Arbeit und verbraucht Ressourcen. Und das ist erst einmal gut so. Denn es gibt eine Kategorie von Fehlern, die auf Unachtsamkeit, Inkompetenz oder Überforderung beruht. Hier kann die Organisation oder das Management nach klassischem Muster durch mehr Fachwissen, bessere Prozessbeschreibungen, stärkere Überwachung – also mit den Methoden des Organisierens – dem Fehler Herr werden. Und dennoch werden Fehler passieren, auch wenn alle Kompetenzen vorhanden, alle Mitarbeitenden achtsam und alle Prozesse optimal sind. Denn es gibt eine zweite Fehlerkategorie, die in komplexen Situationen der Unsicherheit und Ungewissheit, der Dynamik und in echten Überraschungen entsteht. Hier hilft die beste Planung nichts, sondern es ist notwendig zu experimentieren, auszuprobieren und zu testen. Fehler müssen bewusst zugelassen und teilweise sogar provoziert werden.

Fehler werden also weiterhin passieren. Im ersten Fall, weil man noch nicht ausreichend gelernt hat, im zweiten, weil es noch gar kein Wissen gibt, wie mit dem Unbekannten umzugehen ist.

Die meisten Menschen in Organisationen sind mit der ersten Fehlerkategorie vertraut. Sie haben ihr Wissen von anderen erlernt, meist von »hierarchisch« übergeordneten Personen, wie zum Beispiel dem Ausbilder, der Lehrerin, dem Meister oder der Professorin. Es gibt Musterlösungen, die es wiederzugeben gilt. So auch in Unternehmen. Die besser Ausgebildeten wissen, was zu tun ist; der Prozess ist einzuhalten, der Plan zu befolgen, ein vorgegebenes Entscheidungsprogramm anzuwenden, sonst drohen Sanktionen.

Der Umgang mit Fehlern wird vor allem dann zum Thema, wenn man es mit Problemen zu tun hat, die wirklich überraschen – Konkurrenten mit gänzlich neuen Geschäftsmodellen, Kunden, die sich sprunghaft verhalten, Pandemien. Solche Situationen sind verantwortlich für Fehler der zweiten Kategorie. In diesen Fällen tendieren Menschen dazu, Vielfalt auszublenden, Zeitverläufe linear zu extrapolieren, die Folgewirkungen zu ignorieren und so zu handeln, dass ein Gefühl der eigenen Kompetenz aufrechterhalten wird – so hat es der Psychologe Dietrich Dörner beschrieben.

Dass hier ein Fehler in der menschlichen Fehlerkompetenz vorliegt, das hat sich auch in Unternehmen herumgesprochen. Darum ist der Wunsch groß, eine andere, eine bessere Fehlerkultur zu etablieren, keine Schuldigen zu suchen und Menschen nicht dafür zu verurteilen, wenn sie sich in bester Absicht geirrt haben.

Es wird an die Mitarbeiterinnen und Mitarbeiter appelliert, sie mögen sich genau entgegen ihrer antrainierten Muster der Fehlervermeidung verhalten. Sie sollen Mut zum Fehler haben. Denn aus Fehlern kann wahrlich Großes entstehen. So werden in jedem Buch zu Innovation dieselben Beispiele aufgeführt: Ob Penizillin, Post-its, Viagra oder der Kugelgrill – alles ist irgendwie aus Fehlern oder Fehlanwendungen entstanden. Die Botschaft lautet: Wenn man etwas versemmelt, dann sollte man wenigstens schauen, ob sich daraus noch was machen lässt. Es geht um einen offenen Umgang mit Irrtum und Scheitern. Darum erinnert man sich: Im Spiel durfte man sich als Kind noch ausprobieren und aus Fehlern lernen. Dieses spielerische Element fehlt in Organisationen. Sich einer Frage spielerisch zu nähern, hieße also, nicht gleich die scheinbar nächstliegende Möglichkeit zu ergreifen, um ein beobachtetes Phänomen zu erklären, schreiben der Neurowissenschaftler Gerald Hüther und der Philosoph Christoph Quarch.

Was tun?

Hüten Sie sich vor einfachen Appellen, denn aus Schaden wird man nicht immer klug, aus Fehlern lernt man nicht immer und irren mag menschlich sein, aber manchmal auch ziemlich blöd. Es geht darum, zu üben und zu trainieren, mit Fehlern aller Art umzugehen. Es geht um Selbstreflexion und um Spielen, mit dem Ziel, den Spielraum im eigenen Kopf zu erweitern. Es geht aber auch um kognitives Lernen. Und es geht darum, seinen »gesunden Menschenverstand auf die Umstände der jeweiligen Situation einzustellen«, so zumindest lautet das beruhigende Fazit von Dietrich Dörner am Ende seines Bestsellers »Die Logik des Misslingens«.

> Es geht darum, zu üben und zu trainieren, mit Fehlern aller Art umzugehen.

»**Innovation**

ist der Motor unseres Fortschritts.«

Eigentlich muss es verwundern, dass etwas wirklich Innovatives, also nicht nur eine Verbesserung des Bestehenden, in einer Organisation entstehen kann. Alles wirklich Innovative muss zwangsläufig die »Immunabwehr« der Organisation aktivieren. Denn es ist ein Angriff auf das Bestehende, ein Angriff auf die zentralen Aufgaben der Organisation, ein Angriff auf die Muster der Organisation, die Sicherheit und Beständigkeit garantieren sollen. Organisation klassischer Prägung müsste somit fatalerweise genau das verhindern, was sie für ihre Zukunftsfähigkeit benötigt – nämlich Innovation. Dennoch ist nicht zu leugnen, dass im Kontext von Organisationen tagtäglich Neues entsteht.

> Alles wirklich Innovative muss zwangsläufig die »Immunabwehr« der Organisation aktivieren.

Wie kommt es also dennoch zu dem »berechtigten Anlass für Hoffnung, dass es besser wird«, wie Wolf Lotter in seiner Streitschrift zu barrierefreiem Denken schreibt?

Gehirnforschung und Psychologie sagen: Es liegt an der menschlichen Ambivalenz. Menschen wollen ständig über sich hinauswachsen. So entwickeln wir uns alle als Individuen im Spiel und so entwickeln wir uns im Experiment. Und gleichzeitig wollen wir dazugehören, uns einordnen und anpassen. Interessanterweise werden beide dieser Aspekte benötigt, damit Organisationen entstehen und auch überleben können. Menschen können nicht nur Neues entdecken, Menschen sind auch dazu in der Lage, dieses Neue an das Bestehende anschlussfähig zu machen. Es geht also um das Ausbalancieren zwischen zwei Polen. Auf der einen Seite stehen Sicherheit, Vorhersehbarkeit, Kontrolle, Eindeutigkeit, Messbarkeit und Routine, auf der anderen Seite Offenheit, Kreativität, Fühlbarkeit, Umgang mit Ungewissheit. Man könnte auch in Anlehnung an den Physiker und Managementberater Gerhard Wohland sagen: Auf der einen Seite gibt es das Wissen, vom Verstand durch Lernen reproduziert, und auf der anderen Seite die Ideen, irgendwie entstanden, meist nicht nachvollziehbar und nicht wirklich erlernbar.

Das will das Management in der Funktion des Erfüllungsgehilfen der Organisation aber so nicht stehen lassen. Es muss doch eine Möglichkeit geben, Innovationen zu organisieren! Die Lösung heißt Innovationsmanagement, und damit schlägt die kausal-lineare Planungsdenke der Prozessoptimierung und Incentivierungslogik zu. Es beginnt mit einfallslosen Appellen wie »Seid innovativ«, geht über Stage-Gate-Prozesse, in denen die Finanz- und Verwertungslogik über die Wissensschöpfung entscheidet, und endet im organisierten Lego-Spiel. Ob eine wirklich bahnbrechende Innovation wie ein mRNA-Impfstoff tatsächlich im Vorfeld aus Knete hätte gebastelt werden können, bleibt genauso fraglich wie die Vorstellung, die Erfindung durch ein Bonusversprechen zu beschleunigen.

> Ob eine wirklich bahnbrechende Innovation wie ein mRNA-Impfstoff im Vorfeld aus Knete hätte gebastelt werden können, bleibt fraglich.

Dass eine Idee zur Innovation werden kann, hat meist technische, häufiger jedoch soziale Gründe. Aus beiden scheitern Innovationen. Und das muss noch nicht einmal von Nachteil sein. Denn es kann dadurch verhindert werden, dass absurde und sinnlose Ideen umgesetzt werden. Die Menschheit hat nicht auf jede Neuerung gewartet. Das Neue ist nicht immer gut, nur weil es neu ist.

Unter diesem Aspekt ist die wichtige Rolle des Innovationsmanagements jene, die ihm im Drehbuch nie zugedacht war – die des Ideen-Nichtverwerters und -Verhinderers.

Was könnte man dennoch tun? Weniger Organisation. Der Physiker und ehemalige Präsident des Santa Fe Institute Geoffrey West konnte mit einem Forschungsteam anhand von 23.000 analysierten Unternehmen zeigen, dass mit steigender Größe die Innovationskraft schwindet und irgendwann gänzlich fehlt, was zum erzwungenen Marktaustritt führt. Das liegt unter anderem an der wachsenden Bürokratie und Administration. Dagegen konnte das Team zeigen, dass Städte weltweit ein gegenteiliges Phänomen zeigten. Je größer, desto innovativer wurden sie. Das heißt, die Durchschnittsbürger einer Fünf-Millionen-Stadt sind dreimal kreativer, ideenreicher und innovativer als die einer 100.000-Einwohner-Stadt. Grund dafür sei die Vernetzung von Menschen. Natürlich sind auch Städte organisiert. Anscheinend gibt es ein notwendiges Maß an Rahmenbedingungen, doch diese sollten ein vielfältiges Miteinander ermöglichen. In diesem weitgesteckten Rahmen bringen Offenheit und die Möglichkeit zur Vernetzung oft bessere Ergebnisse hervor als der Wettbewerbsdruck in Unternehmen. Wenn also Organisationen neue Ideen benötigen, dann sollten zunächst mehr Vernetzungsmöglichkeiten bei einem Minimum an Prozessen, Hierarchien und Regeln geschaffen werden. Wo und wann dann tatsächlich Ideen entstehen, das bleibt abzuwarten.

»Raus aus der

Komfortzone!«

Wenn ein Grund gesucht wird, warum die gewünschte Veränderung nicht so richtig läuft, steht die Aufforderung im Raum, dass die Mitarbeitenden doch endlich mal ihre Komfortzone verlassen sollen. Doch wie sieht sie eigentlich aus, diese viel zitierte Komfortzone? Muss man sich darunter einen kuschelig-warmen Arbeitsplatz vorstellen, mit Urlaubspostkarten an der Wand und dem Aufkleber »TEAM – TOLL, EIN ANDERER MACHT'S« an der Tür? Sind die »Bewohner« der Komfortzone jene, deren Social-Media-Profile noch nicht den Slogan »I love Change« enthalten? Und wie verlässt man Komfortzonen überhaupt? Geht es um Abseilübungen im Klettergarten oder um das kollektive Betreten eines neuen Bereichs, in dem es ab jetzt agiler, kundenorientierter oder digitaler zugehen soll?

Menschen sind dazu in der Lage, eingefahrene Muster zu überwinden. Das wurde nicht erst seit Beginn der COVID-19-Pandemie bewiesen. Den meisten gelingt es, auf Kontakte zu verzichten, obwohl diese doch so dringend in die menschliche Bedürfnispyramide gehören. Mitarbeitende kommen mit einer »verkachelten« Meeting-Welt zurecht und können ihren Arbeitsplatz mit höhenverstellbarem Schreibtisch, 27-Zoll-Bildschirm und Silent Rooms gegen Camping-Klapptisch im Schlafzimmer, 13-Zoll-Laptop und paralleler Kinder-Bespaßung tauschen. Die eingeübten Strukturen zu verlassen – dazu waren wir Menschen schon immer in der Lage.

Aus der Neurobiologie weiß man, dass das Gehirn bis ins hohe Alter plastisch ist. Das heißt: Menschen können ihr Leben lang dazulernen und neue Gewohnheiten annehmen. In dem Wissen, dass sich das menschliche Gehirn seit ca. 100.000 Jahren physiologisch nicht mehr verändert hat, liegt folgender Schluss auf der Hand: Wenn Menschen nicht ständig Komfortzonen verlassen hätten, wären alle gesellschaftlichen, technischen und medizinischen Entwicklungen unmöglich gewesen. Es liegt also in der menschlichen Natur, dies zu tun.

Doch wie sieht es aus, wenn Menschen von anderen zum Verlassen der Komfortzone aufgefordert werden? Von dem Philosophen und Hirnforscher Gerhard Roth erfuhren wir in einem Interview, dass es drei verschiedene Gebiete der Veränderbarkeit des Menschen gibt. Erstens Veränderung auf der motorischen Ebene, die bis ins hohe Alter ein Erlernen neuer Handgriffe und Abläufe erlaubt. Zweitens die kognitive Veränderung, mit deren Hilfe wir uns neues Wissen aneignen können. Und drittens die emotionale Veränderung, also die Änderung der persönlichen Lebensführung. Diese Art der Veränderung ist im Gegensatz zu den ersten beiden Kategorien nicht wesentlich von außen zu steuern, sondern Veränderungen kämen, wenn überhaupt, überwiegend von innen und meist unbewusst. Somit sind erwachsene Menschen in ihrer Persönlichkeit nicht von außen nach der Vorstellung anderer veränderbar.

Da es bei der Aufforderung, man möge die eigene Komfortzone verlassen, fast immer um mehr als nur motorische Veränderungen und den Erwerb von neuem Wissen geht, ist der Appell sinnlos. Das bedeutet für die Organisation: Führungsaufgabe muss es sein, die Komfortzonen von Menschen wirklich zu verstehen und die in diesem Spektrum liegenden Veränderungsmöglichkeiten zu erkennen.

> Führungsaufgabe muss es sein, die Komfortzonen von Menschen wirklich zu verstehen und die in diesem Spektrum liegenden Veränderungsmöglichkeiten zu erkennen

Es geht also um die Unterstützung beim Finden derjenigen Aufgaben, die den individuellen Komfortzonen entsprechen. Um Missverständnissen vorzubeugen: Damit ist kein »betreutes Einnisten« in der Ruhezone gemeint, sondern ein Ergründen von – auch gänzlich neuen – Tätigkeitsfeldern, die zur Person passen.

Bevor Menschen also zum Komfortzonenwechsel aufgefordert werden, sollten folgende Fragen gestellt werden.

- Könnte es sein, dass jemand, der bei anderen das Verharren in der Komfortzone bemängelt, selbst der größte Bewahrer ist?
- Ist das Aufgabenspektrum vielleicht so einschläfernd, dass die Mitarbeiterinnen und Mitarbeiter ihre Komfortzone viel lieber ab 18.00 Uhr und am Wochenende verlassen?
- Mit welchen Herausforderungen werden Menschen inspiriert, die eigene Komfortzone in ganzer Breite zu nutzen?
- Und wie kann man sich darum kümmern, dass Mitarbeiterinnen und Mitarbeiter komfortabel in neuen Komfortzonen arbeiten können?

Kommunikation

>*»Ich kommuniziere. Du kommunizierst. Wir alle*
>*kommunizieren. Aber: Man kann nicht etwas*
>*kommunizieren – Sprachwandel hin oder her!*
>*Allenfalls kann man mit jemandem über etwas*
>*kommunizieren. Da aber genau dieses Miteinander*
>*nicht immer auch beabsichtigt wird und trotzdem*
>*(…) ›schön verpackt‹ werden muss, wird sowohl der*
>*Ausdruck selbst als auch die mit ihm verbundene*
>*Sprechhandlung ›kommunizieren‹ im modernen*
>*Sprachgebrauch einfach zweckentfremdet und ad*
>*absurdum geführt.«*

Ilka Lemke, Sprachwissenschaftlerin

Bei manchen Diagnosen wähnt man sich in einer Zeitschleife. So kommen Jahr für Jahr das Gallup-Institut und jede x-beliebige Mitarbeiterbefragung zu dem Ergebnis, dass es mit der Kommunikation in Organisationen im Argen liege. Die aus diesem Missstand abgeleiteten Forderungen sind ebenso erwartbar wie die Diagnose selbst. Und sie sind erstaunlich schlicht formuliert: Es müsse mehr, besser, umfassender, präziser kommuniziert werden. An dieser Stelle ist es nicht von Belang, Methode und Aussagekraft der zugrundeliegenden Erhebungen zu hinterfragen. Interessant ist vielmehr die Frage, weshalb

Kommunikation im Organisationskontext eine solch beeindruckende Karriere gemacht hat. Vielleicht liegt es daran, dass Kommunikation ein Plastikwort par excellence ist. Dieser Wortgattung haben wir uns bereits in der Einleitung gewidmet. Wenn ein Begriff viele Türen öffnet, steigt die Wahrscheinlichkeit, dass eine differenzierte Diskussion in Gang gesetzt wird. Doch ein Blick in den Alltag der meisten Organisationen zeigt, dass sich diese Hoffnung nicht erfüllt. Der Charme des Abstrakten und Guten führt in der Regel dazu, dass gerade nicht präzise ergründet wird, was denn genau mit »besserer Kommunikation« gemeint sein könnte. Sollen Führungskräfte ihre Mitarbeitenden besser informieren? Geht es um mehr Gespräche »auf Augenhöhe«, um die Basistugenden im anspruchsvollen Wechselspiel zwischen Zuhören und Antworten – oder eher um professionelle Einbahnstraßen-Kampagnen, die das jeweils aktuelle Unternehmenskulturprogramm in die Köpfe der Menschen bringen sollen?

> Der Charme des Abstrakten und Guten führt in der Regel dazu, dass gerade nicht präzise ergründet wird, was denn genau mit »besserer Kommunikation« gemeint sein könnte.

Vor allem in der jüngsten Zeit fällt auf, dass »Miteinander reden« häufig mit »Kommunizieren« verwechselt wird. Definitionsgemäß schließt der zweite Begriff den ersten zwar ein, doch wir spielen hier auf Kommunikation in ihrer zweiten Bedeutung des Mitteilens an. In diesem Sinne wird in Unternehmen auf immer professionellere Weise sehr viel getan, und zwar in der Annahme, man hätte dann zugleich auch etwas zum Austausch und zur Verständigung beigetragen. So glaubt man, bei Führungskräften und Mitarbeitenden etwas bewirken zu können, wenn man die »Sendeleistung« erhöht.

Die Bochumer Sprachwissenschaftlerin Ilka Lemke weist in diesem Zusammenhang auf das manipulative Potenzial des Sendeprozesses hin: »Wenn A nun B etwas kommuniziert, kann A auf diese Weise B ganz subtil seine Position oder seine Haltung aufdrängen. A kann sich dann sogar hinter einem ›Wir haben doch darüber gesprochen – oder eben – miteinander kommuniziert!‹ verstecken.« Getarnt als »Kommunikation« im Sinne eines Austauschs wird »kommunizieren« transitiv in der Bedeutung von »etwas mitteilen« verwendet, ohne sich mit den Adressaten tatsächlich auszutauschen.

In komplexen Situationen darf Kommunikation – hier im neutralen Sinne ohne Wertung – nicht selektiv sein. Sie muss spontane Verständigungsprozesse zulassen und sogar provozieren. Deshalb finden wir richtig, was der Geschäftsführer eines Mittelständlers zu uns sagte: »Es muss möglich sein, dass Menschen während der Arbeitszeit über alles sprechen. Bei uns im Unternehmen ist es gestattet, dass Menschen miteinander reden. Selbst wenn 90 Prozent der Zeit, die sie miteinander reden, nur Tratsch wäre, und in den anderen zehn Prozent das gesprochen wird, was sonst nie gesprochen würde, wäre das gut.«

Organisationen sollten nicht versuchen, zu steuern, was gesprochen wird, sondern stattdessen das Miteinander-Reden in jeder Hinsicht zulassen. Schließlich beginnen Menschen nicht deshalb siloübergreifend zusammenzuarbeiten, nur weil sie gemäß den Führungsprinzipien zu direkter Kommunikation aufgefordert werden. Es sollte also immer genau überprüft werden, an welchen Stellen die Maschinerie der One-Way-Kommunikation bewusst nicht in Gang gesetzt wird. So haben wir die Erfahrung gemacht, dass es hilfreich ist, einer Initiative keinen spektakulären oder pseudo-kreativen Namen zu geben. Ein Projekt wird automatisch beachtet, sofern es lohnend ist, sich in ihm zu engagieren. Wenn es den Leuten nichts bringt, wird auch eine aggressive Projektwerbung kein Engagement nach sich ziehen.

> Organisationen sollten nicht versuchen, zu steuern, was gesprochen wird, sondern stattdessen das Miteinander-Reden in jeder Hinsicht zulassen.

Wir sehen Kommunikation als einen Modus der Begriffs-arbeit an, in dem Plastikwörter mit Inhalt gefüllt werden. Ein Plastikwort ist nur so lange ein Plastikwort, bis seine spezifische Bedeutung im Dialog ergründet wird. Entscheidend ist daher, in der Organisation Gelegenheiten zu schaffen, in denen genau das passieren kann. Lassen Sie daher jede Art von Austausch zwischen Menschen zu – und zwar ungesteuert und unbegrenzt. Es kann nicht zu viel miteinander gesprochen werden. Zudem bieten sich Formate an, die der Begriffsarbeit dienen. Das muss nicht unbedingt so sein wie im Fall einer Personalleiterin, die – wie sie sagte – »Teams immer wieder den ganzen Tag in einen Raum sperrt, bis allen klar ist, was es mit diesen Sprechblasen im konkreten Fall eigentlich auf sich hat.« Sie können es ja für den Anfang mit einem halben Tag versuchen...

»In Sachen **Kunden-orientierung**

sind wir gut aufgestellt.«

Kunden (gerne auch Klienten, Mandanten, Patienten etc.) sind die notwendige Bedingung dafür, dass Unternehmen überhaupt existieren. Das ist eine Selbstverständlichkeit, über die man eigentlich nicht diskutieren muss. Und natürlich ist es vor diesem Hintergrund nicht die dümmste Überlegung, danach zu schauen, was die Kunden wollen könnten. Oftmals ist es nicht ganz so einfach, zu erkennen, wer der Kunde überhaupt

ist. Sind der Schüler oder die Studentin Kunden von Schule und Hochschule oder ist die Gesellschaft der Kunde, die Bildung größtenteils finanziert und ein Interesse daran hat, dass gut ausgebildete Menschen in ihrer Gemeinschaft leben? In Krankenhäusern, Schulen und Behörden von Kunden zu sprechen, ist allerdings auch erst ein Phänomen der letzten 30 Jahre. Interne Dienstleistungen und Verrechnungspreise haben parallel zum bestehenden Kundenbegriff auch die Vorstellung des internen Kunden entstehen lassen. Wenn man so will: Kunden, wohin man schaut.

Mit Kundenbindungsprogrammen und mit Hilfe von Customer Relationship Management versuchen Organisationen, Kunden an das Unternehmen zu fesseln. Durch ausgefeilte Methoden sollen Menschen an Produkte und Dienstleistungen gebunden und zu einer Partnerschaft überredet werden. Begeisterung oder gar Loyalität entstehen aus diesen Bemühungen nur selten. Wenn sich die Versuche darin erschöpfen, die Kunden nach einer simplen Vernetzungs- und Datenbanklogik mit noch mehr Bonuskarten und mehr oder weniger einfallslosen Prämienangeboten zu behelligen, mag höchstens der Schnäppchenreflex aktiviert werden. Was anfangs als meist harmloser und durchschaubarer Umarmungsversuch daherkam, wird zunehmend auf die Spitze getrieben. Es reicht nun keinesfalls mehr aus, die Kunden nur zufriedenzustellen und eine Dienstleistung anzubieten, die Probleme löst. Jetzt werden andere Register gezogen: Die Mitarbeitenden sollen den Kunden LIEBEN! Vielleicht ist es nur eine stumpfe Adaption aus dem Amerikanischen. Schließlich wundert man sich ja schon längst nicht mehr darüber, dass das neue »gut«»amazing« oder »great« ist. Vielleicht ist es aber auch einfach nur übergriffig. Stellen sich die Unternehmen, die ihre Kunden lieben wollen, gelegentlich die Frage, ob der Kunde überhaupt geliebt werden

> **Die Mitarbeitenden sollen den Kunden LIEBEN!**

möchte – oder einfach nur zuverlässig sein Paket transportiert haben will?

Bei einer Überdosis sind diese Aktivitäten kontraproduktiv. Das eigentliche Ziel wird nicht erreicht, nämlich ein langfristiges und vertrauensvolles Austauschverhältnis.

Vielleicht täte es gut, wenn sich die Marketingabteilungen und Kundenbeziehungsstrategen ein paar kontraintuitive Fragen stellten:

- Welche Entfesselungsreflexe lösen die Versuche einer engen Kundenbindung aus?
- Ist Beziehung zu managen? Oder bräuchte es nicht auch hier die Bereitschaft, denen, die im Kundenservice oder Verkauf tätig sind, die Möglichkeit zu geben, nach eigenem Ermessen Kundenprobleme zu lösen?
- Würde häufig etwas weniger Kundenmanagement mit all den ausgefeilten Prozessen und aufgesetzten Gefühlen zu mehr Kundenzufriedenheit führen?

»Unsere **Labs** schaffen die Innovationen von morgen.«

Seit ein paar Jahren scheinen Labs, Hubs und Inkubatoren der Königsweg zum Durchbruch in neue Dimensionen zu sein. In diesen realen oder virtuellen Räumen sollen die »jungen Wilden« ihr Kreativpotenzial entfalten und marktfähige Ideen entwickeln. Damit dies gelingen kann, werden die Labs in der Regel aus der Gesamtorganisation herausgelöst. Es wird damit bewusst ein Gegenpol zur alten Struktur geschaffen. Die Labs als Orte der Wissensschöpfung und des Experimentierens sollen das »Stammhaus« mit seinem Fokus auf effiziente Wertschöpfung auf Trab bringen. Und auch wenn die klischeehafte Ausgestaltung der Labs mit ihren Tischkickern, Vorräten an bunten Klebezetteln und Lego-Steinen häufig belächelt wird: Vieles an dem Konzept eines Labs ist klug und richtig. Die Herauslösung aus den etablierten Routinen und Prozessen des Unternehmens begünstigt freie Denk- und Reflexionsprozesse – vor allem dann, wenn Menschen mit höchst unterschiedlichen Talenten und Biografien zusammentreffen. Auch das für Labs typische Vorgehen, die entwickelten Ideen im Sinne eines Rapid Prototyping schnell zu testen und umzusetzen, ist angesichts zunehmender Unplanbarkeit äußerst sinnvoll.

Die »Stammhausbesatzungen« blicken mitunter sehr skeptisch auf die Spielwiesen der Labs, zumal ihnen eine immer größere Aufmerksamkeit des Topmanagements zuteil wird. In Interviews, die wir mit Unternehmen geführt haben, äußern

Mitarbeitende regelmäßig Unverständnis angesichts der fehlenden Anbindung der Lab-Innovationen an das Kerngeschäft. Man wisse eigentlich nicht wirklich, an was und wie dort gearbeitet werde. Man habe keine Ahnung, wie das das Gesamtunternehmen voranbringe, habe aber den Eindruck, dort könnten Kolleginnen und Kollegen verrückte Ideen realisieren und sogar eigene Unternehmen gründen.

Im Stammhaus hingegen, das schließlich die Gewinne erwirtschafte, fehle schlicht die Zeit zum Nachdenken über Veränderungen. Vermutlich sind diese Zuschreibungen, die es ebenso in entgegengesetzter Richtung gibt, normale Begleiterscheinungen des Aufeinandertreffens alter und neuer Logiken. Das Problem liegt auch nicht darin, dass die Entstehung von Innovationen durch die Schaffung gesonderter Räume begünstigt werden soll. Labore für sich genommen sind ein vielversprechender Ansatz. Doch häufig leiden sie an einem Konstruktionsfehler, weil sie losgelöst von der Kernorganisation arbeiten – in einer hippen, »unterschätzten« Metropole in Südamerika, mindestens jedoch in Berlin. Aus unserer Sicht müssten sie im Zentrum der Wertschöpfung verankert sein. Ein Labor sollte ein offener Ort sein, mitten in der bestehenden Organisation, mit einem Minimum an Beschränkungen und verbindlichen Spielregeln. Jede Managerin und jeder Mitarbeiter sollte diesen Raum nutzen können, der vieles ermöglicht und eine organische Diffusion der Ideen in das Unternehmen zulässt. Es befänden sich – gewissermaßen unter einem Dach – zwei unterschiedliche Welten.

Das Management wäre aufgefordert, zwangsläufig entstehende Widersprüche und Irritationen zu ertragen und mit diesen umzugehen. Denn durch eine unmittelbare Integration des Lab würden zwei Logiken aufeinandertreffen: auf der einen

> Ein Labor sollte ein offener Ort sein, mitten in der bestehenden Organisation, mit einem Minimum an Beschränkungen und verbindlichen Spielregeln.

Seite die klassische Effizienz- und Verwertungslogik, auf der anderen Seite eine zweckbefreite Logik des organischen Entstehen-Lassens. Der Blick dürfte nicht darauf gerichtet sein, mit dem Lab etwas Bestimmtes erreichen zu müssen.

Labs in der Mitte der Organisation platzieren – und sie dennoch anders »ticken« lassen.

Viele Innovationsprozesse scheitern genau daran, weil früher oder später doch der eingeübte Steuerungs- und Kontrollreflex greift und auf etwas hingearbeitet werden soll. Die Spannung zwischen beiden Welten würde sich nie vollständig auflösen lassen. Doch durch die »Inhouse-Irritation« wären die Menschen nicht nur gezwungen, sich mit der anderen Logik auseinanderzusetzen. Es bestünde die Chance, dass sich die Grenzen verflüssigen und etwas Neues entsteht.

Die anspruchsvolle Aufgabe für Unternehmen hieße aus unserer Sicht: Labs in der Mitte der Organisation platzieren – und sie dennoch anders »ticken« lassen.

> **»Firms aren't creating innovation labs for the right reasons. ›Innovation theatre‹ is all most innovation labs amount to.«**
> Andy Howard,
> Experte für digitale Innovationen

> **»Bei unserem Sozialexperiment in Indien haben wir einen Skatepark mitten in das Dorf Janwaar gebaut.«**
> Ulrike Reinhard, Digital-Nomadin und
> Initiatorin von »Rural Changemakers«

Wie wäre es mit einem ehrlichen
Leitbild?

Wir setzen auf Innovation.
Deshalb installieren wir innovative Labs weitab von der Konzernzentrale. So kommen sich jüngere Mitarbeitende und Menschen mit längerer Betriebszugehörigkeit nicht in die Quere, und generationenübergreifende Irritationen werden vermieden.

Wir sind anders.
»Out of the Box« ist der Code für lustige T-Shirts und schneeweiße Sneakers. Es besteht also keine Notwendigkeit, Grundlegendes zu ändern. Anders zu denken muss nicht dazu führen, anders zu handeln.

Wir kommunizieren professionell.
Kommunikation beschränkt sich auf die stufengerechte Weitergabe von Informationen. Zum umfassenden Schutz der Mitarbeitenden vor der Wahrheit passen wir Quantität und Detaillierungsgrad dieser Informationen der Hierarchieebene an.

Wir leben Partnerschaften.
Das Verhältnis zu Mitarbeitenden und externen Stakeholdern ist von Wertschätzung und Vertrauen geprägt. Die Haltung paart sich mit der Überzeugung, dass ein ehrlicher Verdrängungswettbewerb die treibende Kraft für Wachstum ist. An die individuelle Leistung geknüpfte Bonussysteme sichern die Mo-

tivation unserer Mitarbeiter. Wenn sich jede/r selbst optimiert, ist am Ende nachhaltig an alle gedacht.

Wir machen New Work.

Es ist uns ein Anliegen, die Möglichkeiten der neuen Arbeitswelt proaktiv zu erkunden. Daher schulen wir sämtliche moderne Methoden und Instrumente, die nach Genehmigung durch den Fachvorgesetzten im Einzelfall eventuell auch eingesetzt werden dürfen. Die Funktionsweise der Hierarchie bleibt von all dem unberührt.

Wir lieben Fehler.

Der Umgang mit Fehlern wird neu definiert. In Zukunft gilt jeder gemachte Fehler formal als Lernpotenzial und ermöglicht die verpflichtende Teilnahme am innovativen Barcamp-Format »Zero Defects Mentality«, damit aus Gründen der Fairness und Transparenz die Fehler den sie verursachenden Individuen zugerechnet werden können.

Managementsprech

in der Lounge

Manager A nimmt einen Schluck kalten Kaffee und erinnert sich dunkel an ein Buch, das er mal gelesen hat:

»Wir müssen noch mehr Commitment erzeugen und die gesamte Führungskoalition hinter uns bringen. Ich habe nächste Woche ziemlich viel Airtime. Da werde ich uns die Lizenz von oben holen. Erstmal geht es darum, das Big Picture zu verstehen. Dann fokussieren wir uns auf die Low hanging fruits, so nach dem Motto: Quick Wins schaffen. Als Next Steps leiten wir die Best Practices ab und machen dann einen Deep Dive. Die Frage ist nur, wie languagen wir das?«

Managerin B hat einen Plan:

»Wir brauchen mehr Visibility. Im nächsten Townhall gibt's 'ne Speech aus dem C-Level, die haben die notwendige Credibility und schaffen Awareness für unsere Topics. Wenn die sich committen, sind wir safe.«

Managerin B schaut Manager A erwartungsvoll an. Als dieser geistesabwesend, aber bedächtig nickt, fährt Managerin B fort:

»Meine Leute bereiten die Präse vor, mit allen Top Prio Action Points, Pain Points, Bullet-Points.«

»Klingt nach einer super Vorbereitung!«,

sagt Manager A anerkennend.

»Die Slides aber bitte doublechecken, die sind für Corporate, die berichten direkt ans Board.«

Managerin B fühlt sich bestätigt:

»Ja genau, und wir haben dem die Speaker Notes vorbereitet – er hat alles auf den Slides und bringt den Rest auf der Tonspur.«

»Da bin ich fine mit. Nötigenfalls machen wir noch ein Allhands-Meeting, um auch die Late Majority und die Laggards zu alignen.«

Ohne größeren Zusammenhang fragt Manager A schließlich:

»Ist Agile bei uns eigentlich skalierbar?«

»Kein Thema, wir können das jederzeit rightsizen, downsizen, updgraden – ganz nach Bedarf. Es gibt einen Haufen Synergieeffekte, die müssen wir nur heben.«

Manager A gibt zu bedenken:

»Nur nicht unnötig aufblähen, ich will den right Fit – wir sollten uns auf unsere Kernkompetenzen konzentrieren. Was ist denn unsere Exit-Strategie?«

Managerin B antwortet wie aus der Pistole geschossen:

»Change-Request!«.

Manager A findet den Begriff an der Stelle zwar
etwas unpassend, lässt sich aber dennoch überzeugen:

»OK, solange wir die Deadline nicht reißen.«

Managerin B erklärt freimütig, dass sie das
Risk Management im Griff hat, und wie und wo
sie was auf dem Drive abgelegt hat und in welchen
exorbitanten Excel-Files sie welche Key Results,
Key Facts und KPIs zusammengefahren hat.

Manager A fragt etwas lahm:

»Und was ist, wenn das nicht funzt?«

Managerin B lächelt überlegen:

»Dafür haben wir unsere Cover-your-ass-Policy:
Return to Waterfall.«

Manager A ist sich nicht sicher, ob er das richtig
verstanden hat, aber er lässt es mal so stehen.

»Lassen Sie es mich in einer
Metapher
ausdrücken...«

Ist Ihnen aufgefallen, dass im allgemeinen Business-Sprachgebrauch die Redewendung »Rocket Science« zunächst zum eingedeutschten Begriff »Raketenwissenschaft« wurde? Dies ging über in die inflationäre Verwendung von »Wir operieren hier doch nicht am offenen Herzen«. Ganz aktuell ist vermehrt zu hören: »Wir entwickeln hier ja schließlich kein Vakzin!«. Dies ist ein Beleg dafür, dass Metaphern in lebenden Sprachen epochenspezifischen und kulturellen Kontexten unterliegen. Metaphern zeichnen Entwicklungslinien von Bewertung und Zeitgeist und leisten somit auch einen wichtigen Beitrag im Sprechen in und über Organisationen.

Mit ihrem grundlegenden Werk »Metaphors we live by« eröffneten der Linguist George Lakoff und der Kunstprofessor Mark Johnson neue Horizonte der Metaphernanalyse und zeigten anschaulich, dass Metaphern ein integraler Bestandteil der sprachlichen Praxis sind. Diese Perspektive der kognitiven Linguistik lenkt den Fokus auf den engen Zusammenhang zwischen Sprache und Denken, der in der Metapher ihren wohl bildhaftesten Ausdruck findet. Lakoff und Johnson verstehen metaphorische Konzepte als Muster, die gleichermaßen unsere gesamte Wahrnehmung, unsere Denkmuster, unser Fühlen und Handeln wie unser (organisations-)kulturelles Hintergrundwissen strukturieren.

Für die Organisationssoziologie, die Organisationspsychologie, aber auch für die praktische Organisationsberatung bietet das Aufspüren und Deuten von Metaphern daher vielfältige Anknüpfungspunkte, um Dynamiken in der Organisationskultur zu verstehen. Metaphern reduzieren durch ihre Bildhaftigkeit komplexe Zusammenhänge und liefern wertvolle Hinweise über das System, z. B. indem sie dahinterliegende hinderliche oder förderliche Glaubenssätze oder kulturelle Atmosphären sichtbar machen. So kann gefragt werden, welche immanenten Grundannahmen sich am Sprechen und Denken über Führung ablesen lassen. Beispielhaft kann die maritime bzw. nautische Metaphorik herangezogen werden.

Die *Kapitänin* steht als Autorität auf der *Brücke*. Neben ihr ist wenig Platz. Die Führungskräfte bekleiden in verschiedenen Abstufungen mehr oder weniger wichtige *Ränge*, die mehr oder weniger Präsenz auf der *Brücke* erlauben. Die Belegschaft wird als *Mannschaft* oder *Besatzung* betrachtet und damit klar in ein Hierarchie- und Machtgefälle eingeordnet. Als *Kapitänin* steuert die CEO den *Kahn* – vermutlich einen *schwerfälligen Tanker* – *durch stürmische Zeiten, ruhiges Fahrwasser* oder auch mal durch *eine Flaute*. Sie hält oder bringt das *Schiff auf Kurs*, *bläst Wind in die Segel* und macht ihre *Officers* dafür verantwortlich, wenn es *vom Kurs abkommt*. Als Kapitänin muss es definitionsgemäß ihr Ziel sein, das *Ruder/Steuer in der Hand zu (be-)halten*. Die Güte und der Einflussbereich von Führungskräften werden daran gemessen, ob sie zu viel Zeit *im Maschinenraum* verbringen und sich damit – obwohl das nicht ausgesprochen wird – die Hände schmutzig machen. Obwohl dieser Metaphorik ein eher traditionelles Führungsverständnis zugrunde liegt, wird die maritime Welt gerne bemüht, wenn Agilität im Unternehmen *verankert* werden soll. Dann soll der *behäbige Dampfer in eine Flotte von wendigen Schnellbooten* umgewandelt werden. Solche *Cruiser* sollen in *U-Boot-Projekten in See stechen* und dann als *Leuchtturmprojekte* diese in den *sicheren Hafen manövrieren*. Die Frage, die sich vor einer solchen Agilisierung stellt, ist, ob die Kapitänin wirklich das *Ruder* an die *Crew übergibt* und damit viele weitere *Schnellbootkapitäne* ermächtigt. Sind die Bilder von den wendigen Flitzern reiner Euphemismus oder wirklich Ausdruck einer neuen Organisationskultur? Wie viel Gestaltungsfreiraum ist wirklich gewünscht? Wie weit dürfen sich die *Schnellboote vom Mutterschiff* entfernen? Was tun bei Manövrierunfähigkeit? Sitzen wirklich *alle im selben Boot*? Und wollten sie überhaupt hinein? Wenn ja, in welche Richtung steuert es? Wenn man die maritimen Metaphern wirklich für sich in Anspruch nimmt, dann sollte man sich auch fragen, ob man als Kapitänin bereit ist, das *sinkende Schiff als Letzte zu verlassen*.

Die Deutungshoheit bei all diesen Begriffen liegt natürlich immer beim Einzelnen, man darf dabei aber nicht die sozialisierende Wirkung von Organisationskulturen außer Acht lassen. Linguistische Forschungen zum semantischen Priming zeigen, dass Metaphern durch Nachahmung und Sozialisierung ins Inventar der Mitarbeitenden übergehen und Einfluss auf die Einstellungen und Haltungen nehmen. Das heißt vereinfacht: Durch die Art und Weise, wie Führungskräfte sprechen, wird die Wahrnehmung der Mitarbeitenden gebahnt. Wenn etwa in einem internen Change-Projekt von »Entwicklungschancen« gesprochen wird, triggert das weniger »Hauen und Stechen« an als der Satz: »In diesem Projekt geht es um nichts weniger als um Leben oder Tod.« Die Art der Metapher sagt viel über Grundannahmen aus. Wer martialische Bilder heraufbeschwört (z. B. *von allen Seiten beschossen werden, auf Kriegsfuß stehen, die Mannschaft mobilisieren, eine schlagkräftige Truppe aufbauen*), darf sich nicht wundern, wenn die Organisation primär auf Kampf getrimmt ist und sich die überwiegende Interpretation und das Ausleben dieser Metaphoriken konsequenterweise auch im Wettbewerb äußern. Sollte zugleich verkündet werden, es würden Co-Creation und weitreichende Kooperationen geplant, dürfte die dafür notwendige *Rückendeckung* wohl ausbleiben.

Überprüfen Sie also ganz bewusst, in welchen Bildern Sie sprechen, denn jedes Wort wirkt. Auch wenn Sprache und ihre Bilder nicht unmittelbar Wirklichkeit schaffen, so strukturieren sie doch den Blick auf die Realität. Schauen und hören Sie genau hin – Metaphern sind der Realitätscheck und sagen viel über das mögliche Delta zur postulierten Kultur.

Schauen und hören Sie genau hin – Metaphern sind der Realitätscheck und sagen viel über das mögliche Delta zur postulierten Kultur.

Mindfulness

Wir denken, bevor ein aufgeblasenes, pseudospirituelles Achtsamkeitsprogramm ohne höheren Erkenntnisgewinn gestartet oder präventiv ein Chief Officer of Mindfulness (COM) »installiert« wird, könnte doch wieder mehr auf das kraftvollste Vehikel des respektvollen Austauschs geachtet werden: das Miteinander-Sprechen.

Chade-Meng Tan, laut Visitenkarte »Jolly Good Fellow« bei Google, hat einen Lehrplan zum Erwerb emotionaler Intelligenz durch Achtsamkeit entwickelt, den er »Search Inside Yourself« nennt. Das Programm stützt sich einerseits auf jahrtausendealte buddhistische Meditationstechniken und andererseits auf Erkenntnisse der modernen Hirn-, Glücks- und Verhaltensforschung, welche die positive Wirkung auf Gesundheit und Wohlbefinden bis hin zur Steigerung der Produktivität belegen. Meng strebt dadurch bei und mit Google nichts Geringeres als den Weltfrieden an, indem er dort und andernorts die Meditation der Menschheit zugänglich machen will. Mit solch gigantischer Schwungenergie, diversen Beispielen für Mindfulness-Programme in Unternehmen (etwa BASF, Bosch und SAP) oder Achtsamkeits-Apps, hat sich eine ganze Industrie entwickelt, die prinzipiell etwas Gutes meint, jedoch immer wieder falsch verstanden oder eingesetzt wird.

So kann der Achtsamkeitshype etwa durch den damit verbundenen Selbstoptimierungsdruck internalen Stress erzeugen, dysfunktionale Organisationsstrukturen verleugnen oder gar, wie der Soziologe Hartmut Rosa moniert, ein zerstörerisches System stützen. Wenn Achtsamkeit »implementiert« werden soll (was an sich schon gruselig ist!), um letztlich doch wieder nur Effizienz und Belastbarkeit der Mitarbeitenden zu erhöhen, wenn damit eine scheinheilig-friedliche, Probleme negierende Atmosphäre geschaffen werden soll, so gerät das Achtsamkeitsprinzip unter Esoterikverdacht oder noch schlimmer: Es wird verwässert. Mit Achtsamkeit ist nämlich etwas Gutes gemeint, denn es sollte doch gefördert werden, was hilft, den Geist zu beruhigen und ein freundliches, zugewandtes und zugleich klares Miteinander zu gewährleisten. Dazu brauchen wir »nur« Eigenmotivation und unsere Sinne, d. h. genau hinzuhören, hinzuschauen und die Kanäle zu öffnen für das, was mitgeteilt wird, auch in Subtexten und nonverbalen Signalen. Meditation ist ein möglicher und geeigneter Zugang zur Sinnesschärfung, entfaltet aber nicht die gewünschte Wirkung, wenn sie verordnet wird.

Daher ist Skepsis angebracht, wenn von den Mitarbeitenden erwartet wird, dass sie komplizierte Atem-Aufmerksamkeits-Lenkungstechniken erlernen und an Yoga-Sessions, Klangschalen-Meditationen und sogar an Schweige-Retreats teilnehmen. Denn oft mangelt es schon an ganz basalen Kommunikationstechniken wie Zuhören, Ausredenlassen und Blickkontakthalten. Das scheinen die in so vielen Besprechungsräumen aufgehängten zehn goldenen Regeln der respektvollen, wertschätzenden oder gar achtsamen Kommunikation zu belegen.

Bevor Sie also mit Achtsamkeit hantieren, seien Sie sich bitte bewusst, dass dieses ehrwürdige Konzept von betriebswirtschaftlichen Notwendigkeiten wie Aufmerksamkeit oder Wachsamkeit und von Selbstverständlichkeiten des höflichen und respektvollen Umgangs abgegrenzt werden muss. Bevor Sie die Welt retten, könnten Sie doch unternehmensweit üben, einander wirklich zuzuhören, das Gegenüber und die eigenen

Emotionen in der Interaktion wahrzunehmen und diese nötigenfalls zu regulieren. Hier sind als Vorbilder vor allem die Führungskräfte gefragt, die übrigens keineswegs meditieren, wenn sie ihren Mitarbeitenden mit leerem Blick zuzuhören scheinen.

> **Als Vorbilder sind vor allem die Führungskräfte gefragt, die übrigens keineswegs meditieren, wenn sie ihren Mitarbeitenden mit leerem Blick zuzuhören scheinen.**

Achtsamkeit ist kein Kulturprogramm, sondern eine Haltung. Es ist aufrichtiges Interesse und waches Da-Sein im Moment, es geht darum, in Beziehung zu gehen und im Kontakt zu bleiben. Bewältigt man mit Achtsamkeit die Herausforderungen der Organisationskultur? Vielleicht nicht in Gänze – aber zumindest werden durch Klarheit und Gegenwärtigkeit das notwendige Bewusstsein und Wertschätzung geschaffen für die in der Organisation vorhandenen Ressourcen.

> **»That's been one of my mantras – focus and simplicity. Simple can be harder than complex: You have to work hard to get your thinking clean to make it simple.«**
> Steve Jobs, Apple-Mitgründer

»Oh, zwei Jahre sind rum.
Zeit für eine
Mitarbeiter-
befragung.«

Wenn die meist jährlich durchgeführte Mitarbeiterbefragung beendet ist, führt die Vorstellung der Ergebnisse in der Regel nicht zu Unruhe. Mit der routinierten Simulation von Besorgnis bei gleichzeitiger Handlungsbereitschaft werden die völlig erwartbaren Resultate vom Management zur Kenntnis genommen und entsprechende Maßnahmenbündel verabschiedet. Die Prozedur erinnert an das täglich grüßende Murmeltier und hat – sofern man als Zaungast agieren darf – durchaus hohen Unterhaltungswert. Unternehmens- und branchenunabhängig lassen sich die Ergebnisse dieser Befragungen nämlich bereits vorher niederschreiben. Kleine Variationen sind möglich, etwa was die Reihenfolge der einschlägigen Verbesserungspotenziale »Besser kommunizieren«, »Wertschätzende Führung«, »Weitergabe von Informationen« oder »Führung durch die nächsthöhere Führungskraft« anbelangt.

> Unternehmens- und branchenunabhängig lassen sich die Ergebnisse von Mitarbeiterbefragungen bereits vorher niederschreiben.

Was ist falsch daran, mag man einwenden, die Stimmungen, Meinungen, Sorgen und Ideen der Belegschaft einzufangen und mit Verbesserungen zu reagieren? Zunächst einmal gar nichts. Problematisch ist allerdings eine einfache Tatsache, die bei jeder Art von klassischer Befragung mittels Fragebogen auftritt: Man erhält nur Antworten auf die Fragen, die gestellt werden.

Zudem erreichen die meisten Befragungen bezogen auf die statistische Qualität nur das Niveau »deskriptiver Wasserstandsmeldungen«. Welche Erkenntnis ist mit der isolierten Information gewonnen, dass 37,9 Prozent der Teamleiterinnen und Teamleiter mit dem Informationsfluss zwischen den Ebenen mittelmäßig zufrieden sind? Was bedeutet das? Natürlich gibt es Befragungen, denen eine anspruchsvolle induktive Statistik mit aufwendigen Korrelationen zwischen den Merkmalen zugrunde liegt. Doch wie sehr auch die handwerkliche Qualität der Messung verbessert wird: Es findet keine Auseinandersetzung mit den – in diesem Buch schon häufiger erwähnten – Plastikwörtern statt, die zwangsläufig in diesen Befragungen enthalten sind. Die Welt hinter den in Begriffe gepackten Diagnosen bleibt unklar.

In vielen Beratungsprojekten haben wir unseren Kunden die Frage gestellt, was damit gemeint sei, wenn fehlende Transparenz – einer der klassischen Befunde von Mitarbeiterbefragungen – beklagt wird. Ebenso klassisch und voraussehbar ist die Reaktion der verantwortlichen Führungsebenen darauf: Das Intranet wird mit noch umfangreicheren PDF-Dokumenten gefüllt, in der gut gemeinten, jedoch irrigen Annahme, damit dem Wunsch nach Transparenz zu entsprechen. Anschließend verweisen die »Befüller« auf die »Holschuld« der Mitarbeitenden, die sich allerdings schon lange über die Flut bereitgestellter Informationen lustig machen.

So ließ sich nach einem längeren Prozess mit narrativen Interviews feststellen, dass die Forderung nach Transparenz nicht viel mit Informationsdurst zu tun haben muss. Es zeigte sich, dass es den Mitarbeitenden um eine wertschätzende Resonanz auf ihr Tun ging. Sie wollten nicht noch mehr Daten und Fakten, sondern hatten das Bedürfnis, in ihrer Arbeit wieder von den Führungskräften gesehen zu werden. Man sollte wissen, was an der Basis geleistet wurde. Diese Interpretation von Transparenz hat zweifellos mehr mit Beziehungsgestaltung und Wertschätzung zu tun als mit dem Bereitstellen nackter Informationen. Aber auch hier scheint es niemand – wie in Hans Christian Andersens Märchen »Des Kaisers neue Kleider« – wirklich laut herausbrüllen zu wollen: »Die Informationen sind nackt!«.

»Die Informationen sind nackt!«.

Wir empfehlen Ihnen: Halten Sie an »Pulse Checks«, »Stimmungsbarometern« oder wie auch immer bezeichneten Befragungen aller Art fest – solange Sie nicht vergessen, anschließend einen substanziellen Blick hinter die stets nackten Zahlen zu werfen. Sie sind alles andere als harte Fakten, nämlich vielmehr ein Konstrukt, an das man leicht glauben kann. Man könnte jederzeit auch an ein anderes Konzept glauben. Organisationen benötigen über die klassische Berechnungslogik hinausreichende Inhalte, die nicht ausschließlich mit Zahlen erfasst werden. Hans Rosling schrieb in seinem Buch »Factfulness«: »Wir brauchen zwar unbedingt Zahlen, um die Welt zu verstehen, aber wir sollten sehr skeptisch sein gegenüber Schlussfolgerungen, die unmittelbar aus der Verarbeitung von Zahlen abgeleitet werden!« Wir raten zu einem letztlich unspektakulären Schritt, der im Fall von Mitarbeiterbefragungen darin besteht, die Interpretationsleistung unter Beteiligung, nein, sogar unter Federführung der Befragten zu vollziehen. Und wenn die Befragung wegen des dadurch erhöhten Aufwands nur alle vier Jahre stattfände, wäre das zu Gunsten der Qualität problemlos zu verschmerzen.

»Wir haben den **Mut**,
mehr zu wagen.«

> »Ich kann den Wandel summen hören.
> In seinem lautesten, stolzesten Lied.
> Ich habe keine Angst vor dem Wandel.
> Also singe ich einfach mit.«

Amanda Gorman, Lyrikerin

Ist es mutig, in der großen Runde dem Chef in Anwesenheit seiner Vorständin deutlich zu widersprechen? Lässt sich von Mut sprechen, wenn ein Teammitglied zum Abschluss des Outdoor-Seminars den Bungee-Sprung verweigert – oder eher dann, wenn nach langem Zögern unter Beifall des Teams doch noch der Sprung in die Tiefe gewagt wird? Zeugt es von Courage, wenn der Außendienst sich den Reporting-Verpflichtungen widersetzt – oder ist das einfach nur unklug? Es ließen sich beliebig viele solcher Fragen formulieren, die alle mit dem für die Juristerei typischen Satz »Es kommt darauf an!« zu beantworten wären. Man darf es sich also nicht so leicht machen mit dem Mut, und vor allem erweisen sich bei genauerem Hinsehen die gängigen Pauschalforderungen à la »Wir brauchen im Unternehmen mutige Mitarbeiter!« als ziemlich abstrakt und letztlich inhaltsleer (was wahrscheinlich der Grund dafür ist, dass der Begriff so häufig in Stellenanzeigen und Leitbildern auftaucht).

In seiner Forschung über »Mut im Management« hat Dominik Hammer herausgearbeitet, dass Mut eine radikal subjektive Idee ist. Ob von Mut die Rede sein kann oder nicht, hängt von einer bestimmten Entscheidungssituation und den individuellen Beziehungsstrukturen ab. Stets spielt der Kontext eine Rolle – und zwar sowohl der Kontext der Person, die Mut an den Tag legt (oder nicht), als auch derjenige des Beobachters, der dieser Person Mut zuschreibt (oder nicht). Ein Zugang zu Mut liegt beim Individuum in Form von psychischen Prozessen, die für Außenstehende kaum zugänglich und erklärbar sind. Ein zweiter bezieht sich auf Mut als Konstruktion einer Beobachterin, die sich die Frage stellt, ob das Handeln eines anderen mutig war. Man hat es also mit hochgradig ineinander verwobenen Prozessen zu tun, deren weitere Analyse hier nicht zielführend ist.

Hilfreich für eine andere Art des Nachdenkens über Mut ist aber ein weiteres Ergebnis der oben erwähnten empirischen Untersuchung. Entgegen der intuitiven Vermutung zeigt sich, dass stark hierarchische Organisationen grundsätzlich mehr Raum für Mut bieten als solche mit dezentraleren und flachen Hierarchien. Das überrascht auf den ersten Blick, würde man doch vermuten, dass sich in modernen Organisationen mit weniger Führungsebenen und direkteren Kommunikationswegen tendenziell mutige und risikoaffine Menschen wiederfinden. Das mag durchaus so sein, aber Mut ist in hierarchiearmen Umgebungen gar nicht erforderlich. Anders in klassischen Hierarchien: Hier kann man sich gewissermaßen einem Gegner stellen, der überlistet werden muss. Es gibt einfach mehr Gelegenheiten für mutiges Handeln. Wer hier agiert, muss sich den Hierarchien widersetzen, ihre Starrheit couragiert aufweichen. Wenn diese Reibungspunkte fehlen, ist im Grunde auch kein Mut nötig.

> Entgegen der intuitiven Vermutung zeigt sich, dass stark hierarchische Organisationen grundsätzlich mehr Raum für Mut bieten als solche mit dezentraleren und flachen Hierarchien.

Die paradoxe Einsicht: Mut wird insbesondere in Hierarchien benötigt, sein Entstehen dort aber gerade nicht begünstigt. Demgegenüber fördern flache Strukturen mutiges Handeln, was aber gar nicht erforderlich und demzufolge auch nicht beobachtbar ist. Mit dieser überraschenden Einsicht blickt man anders auf Organisationen. Wir haben daraus gelernt, sich beim Beobachten der organisationalen Dynamik – so gut es eben geht – von Klischees zu lösen. Die an Kafkas Schloss erinnernde Behörde mit endlos langen Fluren und der anonymen Arbeitswabenromantik der 1950er Jahre erscheint dann plötzlich als der Ort, an dem Mut wirklich gefragt ist. Hier ist es dann schon ein Risikoakt ersten Ranges, wenn die Sachgebietsleiterin auch nach der offiziellen Pause an ihrem Laptop in der Kaffeeküche weiterarbeitet. Für die UX-Designerin eines Innovationsbüros in Berlin hätte dies nicht einmal ansatzwei-

> Auf die endlose Wiederholung von Mut-Appellen sollte verzichtet werden.

se etwas mit mutigem Verhalten zu tun, weil ihre Organisation ohnehin schon »mutig designt« ist (und das ganze Büro so aussieht wie eine Kaffeeküche).

Was lernen wir daraus? Auf die endlose Wiederholung von Mut-Appellen sollte verzichtet werden. Mitarbeitende können diese Beschwörungen vermutlich längst nicht mehr hören. Ein Fehlschluss aus dem oben Gesagten ist ebenso zu vermeiden: Es wäre geradezu grotesk, künstlich weitere Hierarchien aufzubauen, um Raum für das Entstehen von Mut zu schaffen. Denn natürlich sollte das Management darum bemüht sein, Organisationen so zu gestalten, dass die Mitarbeiter gar keinen Mut mehr brauchen. Dann könnten auch auf Sicherheit bedachte Menschen mutlos mutig sein – und in der Organisation reüssieren. Und die ohnehin couragierten Zeitgenossen werden andere Ventile finden, ihren Mut unter Beweis zu stellen.

»Wir arbeiten jetzt nach

New Work!«

Selbstführung, Selbstverwirklichung und Selbstwirksamkeit, agiles Arbeiten, Potenzialnutzung, Arbeiten, wann und wo man will, Transparenz über strategische Entscheidungen und viel handfester: moderne Bürolandschaften, die wie eine Mischung aus Spielplatz für Erwachsene (mit viel Raum für Klebezettel), Ausstellungsfläche eines Sitzmöbelherstellers und Espressobar wirken – so oder so ähnlich wird der Begriff New Work meist verstanden.

Es ist ohne Zweifel sinnvoll, sich in Organisationen darum zu kümmern, wie ein zeitgemäßes und somit menschengerechteres Arbeitsumfeld geschaffen werden kann. Doch das, was wir so allgemein und auch sehr unspezifisch unter »Neuer Arbeit« verstehen, hat mit der ursprünglichen Bedeutung von New Work wenig zu tun. Oder wie es der Erfinder des Begriffs, Frithjof Bergmann, in einem Interview am Rande einer New-Work-Tagung formulierte: »Hier wurde sehr viel über Führungstechniken und Organisationsfragen geredet, also darum, wie Unternehmen ihre Angestellten noch raffinierter domestizieren und ausbeuten können.« Und genau darum ging es Bergmann nie. Wir hatten 2004 die Gelegenheit, mit ihm in einem Forschungsdialog die Frage zu diskutieren,

> Frithjof Bergmann betont, dass es ihm nicht darum gehe, der Arbeit unter Beibehaltung der Effizienz- und Produktivitätslogik lediglich einen humaneren Anstrich zu geben.

was New Work für Führung und Organisation bedeutet. Er betonte, dass es ihm nicht darum gehe, der Arbeit unter Beibehaltung der Effizienz- und Produktivitätslogik lediglich einen humaneren Anstrich zu geben. Das sei nicht »Neue Arbeit«, sondern alte Arbeit in neuem Gewand.

Bergmann, der bereits 1984 in Flint bei Detroit, dem Brennpunkt der untergehenden amerikanischen Autoindustrie, ein »Zentrum für Neue Arbeit« gründete, stellte mit seinem New-Work-Modell die Erwerbsarbeit selbst auf den Prüfstand. Der Versuchsaufbau war wie folgt: Statt die Hälfte der Arbeiterinnen und Arbeiter bei General Motors aufgrund von Rezession und Automatisierung zu entlassen, wurde die Arbeitszeit pro Jahr auf die Hälfte reduziert. In der freien Zeit konnten nun die Menschen ihrer Leidenschaft nachgehen und die Dinge verwirklichen, die sie schon immer tun wollten. Manche eröffneten Yoga-Studios, andere wurden Autoren oder nutzten die Zeit für ein Studium. Es ging nicht um ein von der Autoindustrie finanziertes Trostpflaster oder gar ein Beschwichtigungsprogramm, sondern darum, dieses halbe Jahr im »Center for New Work« aufregender zu gestalten als die andere Hälfte des Jahres am Fließband.

Bergmann vertrat immer die Auffassung, dass die Lohnarbeit, so wie man sie erst seit dem Beginn der Industrialisierung vor gut 200 Jahren kennt, ein Spaltkeil in der Gesellschaft ist, der einerseits die Menschen in Lohnarbeitsverhältnissen mehrheitlich ihrer Energie beraubt, während sie auf der anderen Seite der Machtausübung kleiner privilegierter Kreise dient. So führt die Arbeit alter Prägung zu sozialen und wirtschaftlichen Ungerechtigkeiten. Ähnliches hatte man schon lange davor gehört und irgendwie erinnert der emeritierte Professor mit seinem Vollbart und dem zerzausten Haar auch optisch an Marx. Doch Bergmann wollte nie eine Revolution, sondern einen modernen Umbau.

Darum legte er sein Modell gesamtgesellschaftlich und global aus. Er suchte nach einer Alternative zum bisherigen Wirtschaftssystem und schlug ein Modell des Wirtschaftens und Arbeitens vor, »das die Menschen von ihren ökonomischen Zwängen befreit, ihnen eine neue Form des Wohlstands und eine höhere Lebensqualität ermöglichen soll.« Und das nicht nur in einigen privilegierten Ländern oder sogar nur in den boomenden Tech-Branchen, sondern für Industrienationen ebenso wie für Länder, die man als Entwicklungsländer bezeichnet.

Die einfache und überzeugende Idee baut auf drei Säulen auf. So wird es weiterhin Arbeit geben, die für andere gemacht werden muss und die in Lohnarbeit zu erbringen ist. Doch diese Säule macht gerade noch ein Drittel aus. Die zweite Säule sieht vor, dass Menschen ihrer Berufung nachgehen können. Sie sollen die Dinge tun, die zum Vorschein kamen, als Bergmann vor bald 40 Jahren die Bandarbeiter der Autoindustrie fragte, was sie »wirklich, wirklich wollen«.

Den Unterschied zum gemeinhin gebräuchlichen New-Work-Begriff macht ganz besonders die dritte Säule. Ursprünglich

mal als »High-Tech-Self-Providing« beschrieben, ist damit das eigentliche Umdenken bisherigen Wirtschaftens gemeint. Menschen sollen in Zukunft lokal in ihrem Ort oder Stadtteil die meisten Dinge des täglichen Lebens selbst produzieren. In »Foodhäusern« kann in »vertikaler Agrikultur« Obst und Gemüse angebaut werden. Menschen werden mit Hilfe modularer Bauweisen und neuen, nachwachsenden Rohstoffen in der Lage sein, ihre Unterkünfte zu bauen, die Autos selbst herzustellen und die benötigte Energie vor Ort zu erzeugen. Sie können ihre Kleidung, die Zahnbürste und die Möbel mit Hilfe von »Fabrikatoren«, ähnlich einem 3D-Drucker, herstellen. Große Fabriken verschwinden mehr und mehr aus dem Stadtbild und kleine Produktionseinheiten in der Nähe des Wohnorts ermöglichen die Selbstversorgung auf höchstem technischen Niveau.

Wir meinen: Vor dem Hintergrund der Digitalisierung und künstlicher Intelligenz sind diese Überlegungen von Frithjof Bergmann aktueller denn je, weil sich Möglichkeiten ergeben, von denen er 1984 nur träumen konnte. Aber auch für Unternehmen selbst steckt viel mehr in der Idee als bisher mit New Work transportiert wird. Es gibt Entwicklungspotenziale sowie Innovations- und Geschäftsfelder, die im Kontext von High-Tech-Self-Providing noch nicht erschlossen sind. Gleichzeitig würde – so Bergmanns These – ein Land, eine Region und auch eine Organisation unendlich innovativer werden, wenn 80 Prozent der Menschen ihre Arbeit nicht länger als eine milde Krankheit erlebten. Und Menschen könnten – zumindest in einem Teil ihres Lebens – den Raum für die Dinge finden, die sie wirklich und voller Leidenschaft machen wollen.

> Menschen könnten den Raum für die Dinge finden, die sie wirklich und voller Leidenschaft machen wollen.

»Mehr Benefit durch
Organizational
Happiness!«

Organizational Happiness ist ein Managementansatz, der auf die Positive Psychologie zurückgeht. Die Positive Psychologie, insbesondere mit Martin Seligman in Verbindung gebracht, oszilliert seit den 1990er Jahren zwischen Banalitätskritik, dem Vorwurf der Pseudowissenschaft und immer selbstverständlicheren, etablierten Forschungsprojekten und -einrichtungen. Seligman brachte in den wissenschaftlichen Diskurs die Forderung ein, auch positive Emotionen und positive Eigenschaften zu fokussieren, anstatt nur auf Defizite und Krankheiten zu blicken. Psychologen sollten herausfinden, was das Leben lebenswert macht und die Voraussetzungen für ein solches Leben schaffen. Daraus sind wertvolle Impulse für die therapeutische und systemisch beratende Arbeit entstanden.

Organizational Happiness wird auf dieser Basis als neueres Konzept zur Mitarbeiterführung und Motivationssteigerung dargestellt: »Wir stärken Stärken« oder »Wir verbessern das Betriebsklima« könnten typische Slogans der Happiness-Offensive lauten. Das verordnete Glück wird zunächst von Glücksberatern und Happinesstrainern in die Organisation hereingetragen und dann von eigens geschulten Happiness-Botschaftern verbreitet. Ressourcenorientierung

> Schwierig ist die undifferenzierte Verwendung des Glücksbegriffs, unter den im organisationalen Kontext platte Happiness-Schablonen wie Zufriedenheit, Wohlfühlen, Glücklichsein subsumiert werden.

und Wohlbefinden – das klingt doch erstmal ganz sympathisch, oder?

Schwierig ist eher die undifferenzierte Verwendung des Glücksbegriffs, unter den im organisationalen Kontext platte Happiness-Schablonen wie Zufriedenheit, Wohlfühlen, Glücklichsein subsumiert werden, vermengt mit Theorien des Positive Leadership und des Feelgood Managements. Allen Ansätzen zugrunde liegt die absurde Annahme, dass es mit mechanistischen Methoden möglich ist, gezielt positive emotionale Zustände zu erzeugen, sie zu managen, zu kanalisieren und zu erhalten.

Insbesondere wenn Unternehmen wie Google und Facebook auf die Zufriedenheit der Beschäftigten abzielen, wirkt das irgendwie verdächtig. Dann entsteht die Frage, ob »Happiness« und »Wellbeing« nicht doch schlicht als Wirtschaftsfaktor und weiteres Mittel zum Zweck angesehen werden.

Die Beschäftigung damit regt kontroverse Diskussion an und wirft interessante Fragen auf. Warum soll ein Einziger, vielleicht der »Happiness Beauftragte« oder der »Feelgood Manager«, für etwas verantwortlich sein, was alle angeht? Lässt sich die Arbeit am Glück wirklich delegieren – und sein Zustandekommen vielleicht auch noch »top down« einfordern? Ist Glück nicht eine Folge von besonders intensiven Momenten? Wie sollen Organisationen denn diesen »zu implementierenden« Dauerzustand aushalten? Wir glauben, das Konzept muss noch mal überdacht werden.

> **»Captain, Sie haben mich fast dazu gebracht, an Glück zu glauben.«**
> Spock, emotionsbefreiter Vulkanier

> **»Mein größtes Glück war, dass ich meine Frau geheiratet habe.«**
> Klaus Schlappner, Fußballtrainer

out of the box

Mit dem Einzigartigen ist es so eine Sache. Alle wollen es sein, einmalig, unverwechselbar. In der modernen Gesellschaft wird viel über das Verlassen bekannter Pfade gesprochen. Vorbilder sind offensichtlich nicht mehr die Bewahrer, sondern die Andersmacher. Die Fortsetzung dessen, was bekannt ist, hat keinen guten Ruf mehr. Vielmehr sind Rebellinnen und Mavericks in fast allen gesellschaftlichen Bereichen zum verehrungswürdigen Vorbild geworden. Heutzutage sind Begriffe wie »Mittelmaß« oder »Durchschnitt« wohlwollendere Bezeichnungen für diejenigen, die es nicht verstanden haben, sich ein »Alleinstellungsmerkmal« zu erarbeiten.

Im Management sind die entsprechenden Vokabeln des Andersmachens zum Bestandteil des Grundwortschatzes geworden: Keine Konferenz mehr ohne »Out-of-the-box-Vortrag«, und sowieso wird alles »neu gedacht« oder »revolutionär designt«. Konformität ist auch hier zu einem Schimpfwort geworden. Zugleich trifft man unverändert auf Menschen, die über etwas ganz anderes berichten. Da ist von Erstarrung die Rede, überdies von Verhinderung jeglicher – angeblich von allen gewollter – Eigenverantwortung, gar von Entmündigung im großen Stil und vom Rückfall in alte Zeiten. Die Diagnosen sind jedem bekannt, der in einer oder für eine Orga-

> Konformität ist zu einem Schimpfwort geworden.

nisation arbeitet: von Aufbruch zu neuen Ufern keine Spur! Wie passen diese beiden Bilder zusammen?

Auf der Hand liegt folgender Erklärungsversuch: »Andersmachen« ist bloße Rhetorik. Auf der Hinterbühne haben Theaterstück und Besetzung umso festeren Bestand, je mehr auf der Vorderbühne der Aufbruch inszeniert wird. Dies entspräche dann ganz dem von Erving Goffman in seinem Klassiker »Wir alle spielen Theater« beschriebenen Phänomen der Doppelrealitäten. Auf der Oberfläche wird Einzigartigkeit propagiert, hinter den Kulissen findet Einebnung statt. In der Organisationssoziologie der späten 1970er Jahre bezeichnete man diesen Prozess als Isomorphie: Organisationen gleichen sich einander immer mehr an, weil sie sich der Gesellschaft gegenüber legitimieren und den allgegenwärtigen Professionalitätserwartungen entsprechen müssen. Unternehmen müssen bestimmte Technologien und Prozesse nutzen, sie müssen zertifiziert sein, sie müssen Beauftragte für alle möglichen und unmöglichen

Themen installieren. Andernfalls wird ihnen die Akzeptanz versagt, und sie gelten als unmodern. Im Grunde ist es noch drastischer, denn das Spiel endet abrupt, wenn die allgemein geltenden Regeln und Erwartungen verletzt werden. Ohne ISO-Zertifizierung ist die Teilnahme an vielen Ausschreibungen bereits zu Ende, bevor sie überhaupt begonnen hat. In diesem Sinne hat man es in der Tat auch mit faktischen Zwängen zu tun, nicht nur mit impliziten und folgenlosen Erwartungen, die von außen herangetragen werden.

Ganz offensichtlich ist es nicht damit getan, das offensichtliche Theaterspiel als solches zu entlarven. Schließlich liegt der Verdacht nahe, dass es nicht ohne Grund zwei Bühnen gibt. Wenn Erkenntnis und Umsetzung so deutlich auseinanderklaffen, muss irgendwo Komplexität im Spiel sein; Komplexität, die sich mit trivialen Mitteln nicht beseitigen lässt.

Doch ab und zu wird man auf der mitunter ermüdenden Besichtigungstour auch überrascht – und trifft auf mutige Menschen, die den Steuerungs- und Kontrollraum renoviert oder gar umgebaut haben. Manche haben den Systemen nur einen neuen Anstrich gegeben, andere trauten sich, vorgeschriebene Systemupdates zu ignorieren, wiederum andere ließen vollkommen neue Komponenten bauen und versteckten sie geschickt in den alten grauen Gehäusen. Menschen und Organisationen, die wirklich radikal mit neuen Mustern der Führung und Zusammenarbeit experimentieren, wissen, dass es letztlich albern ist, sich publikumswirksam als Nonkonformisten zu gerieren. Denn das Streben nach dem Besonderen kann zu einem paradoxen Unterfangen werden – nämlich dann, wenn es plötzlich alle tun, oder präziser gesagt: wenn es alle nach demselben Schema tun. Dann hat man es mit einem Phänomen zu tun, das der Philosoph Norbert Bolz vor Jahren

> Das Streben nach dem Besonderen kann zu einem paradoxen Unterfangen werden – nämlich dann, wenn es alle nach demselben Schema tun.

bereits als uniforme Nonkonformität bezeichnet hat. Man denke etwa an Künstler, die fast alle vorhersagbar und berechenbar allesamt so gleichförmig anders gekleidet sind, wie man das erwarten darf. Der Fotograf Ari Versluis zeigt in seinem 1994 gestarteten Projekt »Exactitudes« eindrucksvoll auf, wie austauschbar das Singuläre ist – und wie hoffnungslos der Versuch sein muss, es für sich zu reklamieren. Versluis porträtiert weltweit Menschen, die sich – in dem Fall bezogen auf ihren »Style« – ihrer Individualität sicher sind. Als Betrachter muss man schmunzeln angesichts der gnadenlosen Aneinanderreihung von vermeintlichen Individualitäten, die genau dadurch zu einer uniformen Masse werden.

Es geht keinesfalls darum, den Versuch schlechtzureden, eine klare persönliche Haltung einzunehmen und »sein Ding zu machen«. Die spannendsten Menschen, mit denen man privat oder geschäftlich Kontakte pflegt, tun bekanntermaßen genau das. Was jedoch von geringer Souveränität zeugt, sind die mit großer Aufgeregtheit verfolgten Strategien, das Anderssein zu dokumentieren.

Unsere unaufgeregte Empfehlung: Machen Sie entspannt Ihr eigenes Ding. Und zwar ohne den möglicherweise selbstauferlegten Druck, sich dabei einzigartig fühlen zu müssen. Wenn Sie aus der einen Box aussteigen, finden Sie in der nächsten Box sofort wieder Gleichgesinnte. Und es ist vollkommen in Ordnung, zur Abwechslung ein Seminar auch mal wieder »Seminar« statt »Lateral Thinkers' Lounge« zu nennen.

»Wir müssen als Unternehmen den Menschen **Purpose** geben.«

Was einige Jahre zuvor noch das unternehmenszentrierte Leitbild mit nach außen und insbesondere stark nach innen gerichteter Strahlkraft leisten musste, wurde durch die Mission in einen größeren Kontext gestellt. Es wurden Shareholder- und Customer-Value gefordert, um langfristig am Markt zu bestehen und nicht nur für Investoren und Kunden, sondern auch für Mitarbeitende attraktiv zu sein. Heute müssen Organisationen zusätzlich unter Beweis stellen, dass sie zur positiven Entwicklung der Gesellschaft und zur Lösung der globalen Herausforderungen beitragen wollen und können – sozusagen zusätzlich auch einen weltverbessernden Earth-Wide-Value bieten.

Mittlerweile sind die Frage und die Suche nach dem Sinn ohne Zweifel zentrale Managementthemen des 21. Jahrhunderts geworden. Purpose ist eine entscheidende Größe der Arbeitgeberattraktivität und gilt im Employer Branding als wichtiges Unterscheidungs- und Entscheidungskriterium. Dahinter verbirgt sich der Anspruch an Arbeitgeber, sich ähnlich wie Produkt- oder Unternehmensmarken zu positionieren, um langfristig erfolgreich zu sein und die umworbenen Talente anzuziehen. Gerade den neuen Generationen wird unterstellt, sie würden besondere Ansprüche auf Sinn in der Arbeit erheben. Dabei wird in der fachlichen wie auch in der wissenschaftlichen Diskussion nicht trennscharf zwischen dem Anglizismus

Purpose und den Übersetzungsversuchen Zweck, Bestimmung oder Sinn unterschieden. Dies führt zur Vermischung der individuellen, normativ-ethischen bis hin zur metaphysischen Ebene des Sinns mit dem utilitaristischen, betriebswirtschaftlichen Zweck des Unternehmens. Dieser fast schon unauflösbare Widerspruch zwischen der nach außen gerichteten Distinktion (Wettbewerb) und der nach innen gerichteten Identifikation (Mitarbeitende) soll paradoxerweise beiden Seiten Gewinn bringen. Ist das leistbar?

Keine Frage, Menschen, die in Verbindung mit dem Sinn bzw. Purpose der Organisation stehen, fühlen sich vermutlich eher ermutigt zu Wachstum und Eigenverantwortlichkeit. Es sollte aber kritisch geprüft werden, wie viel brauchbares Identifikationspotenzial der Purpose für die Mitarbeitenden, übrigens egal welchen Alters und welcher Generation, bietet. Und es sollte ehrlich darüber diskutiert werden, ob auch nach innen die Bedingungen für eine erlebbare, bessere Welt gegeben sind.

Bevor Sie sich also auf die Suche nach dem Sinn machen oder diesen in glänzenden Leitbildern postulieren, sollten Sie einen ehrlichen Blick auf den Kern Ihrer Organisation werfen. Klammern Sie doch die große Sinnwelt erst einmal aus und schauen Sie, ob die eigene Organisation sinnvoll organisiert ist. Machen Sie die vielen kleinen unsinnigen Prozesse und Strukturen auf allen Ebenen ausfindig, die sinnvolles Arbeiten unmöglich machen – und zwar sowohl aus metaphysischer als auch betriebswirtschaftlicher

> Machen Sie die vielen kleinen unsinnigen Prozesse und Strukturen auf allen Ebenen ausfindig, die sinnvolles Arbeiten unmöglich machen – und zwar sowohl aus metaphysischer als auch betriebswirtschaftlicher Sicht.

Sicht. Einen Mitarbeiter für die große Vision zu begeistern, ist schwierig, wenn Sie ihm das Warum und Wofür seiner Tätigkeit nicht erklären können. Im festen Wissen, dass er die nächsten 50 Folien wieder für die Tonne produziert, wird ihm das Verständnis für die große Nachhaltigkeitsstrategie des Unternehmens fehlen. Bereinigen Sie Ihre Organisation von Jobs, die von den Betroffenen selbst als »Bullshit Jobs« im Sinne David Graebers empfunden werden. Hören Sie hin, wenn die Mitarbeitenden Ihnen zu erklären versuchen, wie sie ihre eigene Tätigkeit selbst sinnvoll organisieren würden. Decken Sie all die offensichtlichen Widersprüche im Sinngefälle konsequent auf! Das freiwerdende Potenzial können Sie bei Gelegenheit als positiven Überschuss zur gemeinsamen Sinnsuche sicher wieder einsetzen.

> »Also, nun kommt der Sinn des Lebens.
> Nun, es ist wirklich nichts Besonderes.
> Versuch' einfach, nett zu den Leuten zu sein,
> vermeide fettes Essen, lies ab und zu ein
> gutes Buch.«
>
> Monty Python und der Sinn des Lebens

> »Don't feel guilty if you don't know what
> you want to do with your life.
> The most interesting people I know didn't know at 22
> what they wanted to do with their lives. Some of the
> most interesting 40 year olds I know still don't.«
>
> Baz Luhrman, aus dem Song: Everybody's Free To Wear Sunscreen

Recruiting?«

Wenn man in Zeiten des »War for talents« für möglichst viele Bewerberinnen und Bewerber attraktiv sein will, sollte man die folgenden, geringfügig überspitzten, aber wissenschaftlich gestützten Hinweise lesen.

Der Psychologe Bertram R. Forer ließ 1949 Studenten in einem Experiment einen angeblichen Persönlichkeitstest absolvieren. Nach einer Woche händigte er die Auswertung aus. Die Probanden sollten die jeweiligen Aussagen auf einer Skala von 0 bis 5 auf ihren Wahrheitsgehalt hin bewerten (5 = voll zutreffend). Der Durchschnittswert lag bei 4,26.

Wichtig zu wissen: Forer hatte den Test gar nicht ausgewertet, sondern jeder Student hatte den gleichen Auswertungstext bekommen. Dieser – und das ist der Clou – war aus Textbausteinen aus einem beliebigen Horoskop zusammengestellt. Es fanden sich dort allerlei Allgemeinplätze wie »Sie bevorzugen ein gewisses Maß an Veränderung und Wandel und werden unzufrieden, wenn Sie durch zu viele Regeln und Begrenzungen eingeschränkt werden«.

Das Experiment wurde mehrfach wiederholt und kam immer wieder zu ähnlichen Ergebnissen, die den Forer-Effekt bzw. Barnum-Effekt belegen. Phineas Taylor Barnum war ein Zirkusdirektor im 19. Jahrhundert, der in seinem Kuriositätenkabinett für jeden Geschmack etwas zu bieten hatte. Der Effekt beschreibt die Neigung von Menschen, vage und allgemeingültige

Aussagen – sogenannte Barnum-Aussagen – über die eigene Person als zutreffende Beschreibung zu akzeptieren und konkrete Merkmale in sich selbst hineinzuinterpretieren, auch wenn es den Aussagen komplett an Objektivität und Falsifizierbarkeit mangelt. Je positiver die Formulierung und je ausgeprägter der Wunsch, diese zu besitzen, desto stärker ausgeprägt ist die Tendenz, sich diese zuzuschreiben.

Wie können Sie diese psychologischen Erkenntnisse für Ihre Kandidatensuche nutzen?

1. Die Aussagen sollten vage Hoffnungen und Wünsche enthalten und möglichst schwammig formuliert sein, also etwa so: »Als Leader sind Sie Visionär, Dirigent und Teamplayer. Dafür haben Sie das notwendige Mindset, Skillset und Toolset.«
2. Es sollten Sowohl-als-auch-Konstrukte formuliert werden, um eine größere Bandbreite abzudecken: »Durch ihre ausge-

prägte Hands-on-Mentalität und ihre Kommunikationsskills können Sie sowohl ihre Peers begeistern als auch bei den entscheidenden Stakeholdern punkten.«

3. Die Anforderungen sollten sich unbedingt auf beobachtbares und einstudierbares Verhalten fokussieren, das jeder irgendwann mal zeigt. Es sollte gleichzeitig eingeschränkt und relativiert werden und darf sogar Widersprüche enthalten: »Sie sind in der Lage, klare und smarte Objectives zu formulieren, geben aber auch Freiraum für Selbstorganisation und kreative Lösungen aus der Crowd.«

4. Idealerweise sind Teile der Stellenanzeige im Konjunktiv formuliert, das erzeugt eine noch unschärfere Botschaft: »Ihre Kollegen würden Sie als Alphatier beschreiben.«

> Beschreiben Sie doch einfach lieber Aufgaben und keine wachsweichen Persönlichkeitsmerkmale.

Madame Teissier würde vielleicht sagen: »Die Sterne lügen nicht.« Wir sagen: Fide, sed cui, vide – zu Deutsch: trau, (aber) schau, wem. Beschreiben Sie doch einfach lieber Aufgaben und keine wachsweichen Persönlichkeitsmerkmale. Lassen Sie unbedingt das Team mitentscheiden, ob die Person zu Ihnen passt – und Sie und Ihr Team zu ihr.

»Wir haben unsere
Resilienz
zertifizieren lassen.«

Was gemeinhin als »Dickes Fell« oder »Stehaufmännchen-Qualität« verstanden wurde, verfügt seit 2017 über eine DIN-Norm: ISO 22316 enthält Prinzipien, auf denen ein organisationales Resilienz-Management aufgebaut ist. Das Dokument beschreibt Elemente einer resilienten Organisation sowie Leitfäden zur praktischen Entwicklung dieser Elemente. All dies soll dazu dienen, in Organisationen systematisch mehr Resilienz aufzubauen, zu erhalten und abzusichern. Weitere Normen legen Anforderungen an ein entsprechendes Managementsystem fest, mit dem Ziel, sich gegen Störungen zu schützen, die Wahrscheinlichkeit ihres Auftretens zu vermindern, sich auf diese vorzubereiten, auf diese zu reagieren und sich von diesen zu erholen, wann immer sie auftreten. Klingt nach einem Heilsversprechen! Die wie auch immer geartete drohende Krise scheint sich jedenfalls managen zu lassen.

Werfen wir einen Blick auf den Resilienz-Begriff. Er leitet sich ab vom lateinischen »resilire« für »zurückspringen« oder »abprallen«. Resilienz zeigt sich in verschiedenen Fachgebieten als Konzept mit diffuser Begriffsverwendung, so z. B. im Ingenieurwesen, der Energiewirtschaft, der Ökologie wie auch in der Psychologie. Beschrieben wird damit die flexible Widerstandskraft gegenüber diversen schleichenden, abrupten bis hin zu radikalen Veränderungen oder äußeren, schädlichen Einwirkungen. Angrenzende Begriffe sind Belastbarkeit, Problemlösekompetenz und Robustheit, ebenso Vulnerabilität und Nachhaltigkeit. Damit ist inzwischen aber nicht nur die physikalische Fähigkeit eines Körpers gemeint, nach Veränderung der Form wieder in seine Ursprungsform zurückzuspringen, sondern vielmehr auch jene Fähigkeit, sich an veränderte Umweltbedingungen anzupassen. Widerstände werden aus dieser Perspektive als Chance zur Weiterentwicklung der individuellen oder organisationalen Adaptivitäts- und Bewältigungskompetenzen verstanden.

Der Anspruch ist nicht weniger, als kontinuierlich Unerwartetes und Unvorhergesehenes zu meistern. Das könnte – je nach Einschätzung – zu einem ständigen Stresszustand führen. Gleichzeitig steckt darin die Kompetenz, die Krise als Aufsetzpunkt für die Entwicklung von etwas Neuem zu nutzen. Gemeint ist die Fähigkeit, eine gut ausbalancierte Mischung aus Flexibilität und Offenheit, Eigenverantwortung, Lebendigkeit und solidem Risikomanagement zu erzeugen und zu fördern. Resilienz wird somit zu einem aktiven Konstrukt der Krisentauglichkeit.

Kurios ist die Entwicklung der Resilienz aus Sicht der Organisationspsychologie: Aus der mechanistischen Denkweise kommend, fand das Konstrukt Einzug in verschiedene psychologische Teildisziplinen, in denen es dann nicht mehr rein naturwissenschaftlich-technisch verstanden werden sollte, nun aber über die DIN-Norm wieder technisch verhandelt werden muss. Norm-Vorgaben sorgen dafür, dass die organisationale Resilienz nicht nur auf Organisationsstrukturen und -prozesse angewendet wird, sondern auch an der inneren Haltung der Führungskräfte und Mitarbeitenden ansetzt. Grundannahme dabei ist, dass Mitarbeitende, die einen individuellen resilienten Umgang mit Belastungen aufweisen, eine wertvolle Ressource in Krisensituationen darstellen.

> Wer vorher seine Organisation »ausgepresst« hat, sollte aufhören, resiliente Mitarbeiter zu fordern.

Eine DIN-Norm zur Resilienz kann in solchen Lernprozessen sicher Orientierung bieten, sollte jedoch nicht noch zu einer weiteren Belastung erwachsen. Ebenso wenig hilft eine Norm für eine substanzielle Auseinandersetzung mit Arbeitsgesundheit, Burnout-Prävention und Stressreduktion weiter. Wer vorher seine Organisation »ausgepresst« hat, sollte aufhören, resiliente Mitarbeiter zu fordern. Die Einführung einer Resilienznorm wirkt dann wie blanker Hohn. Die eigentliche Vulnerabilität der Organisation entsteht ja erst durch das Kernprinzip der Effizienz. Organisationen verlieren Widerstandskraft durch den Prozess der scheinbar ständig notwendigen Optimierung von Prozessen und Strukturen. Ausgezehrte Systeme können nie resilient sein!

Stattdessen setzt Resilienz phasenweise eine Abkehr vom ökonomischen Denken voraus. Auch wenn es zunächst schwerfällt, kann es helfen, an vulnerablen Stellen zu investieren, z. B. indem Sie Abhängigkeiten von Lieferketten trotz Preisvorteilen nicht akzeptieren. Sie könnten auch in aufwendigere, auf Vielfalt ausgerichtete Einarbeitungs- oder Ausbildungsprogramme neuer Mitarbeiter investieren, mit einem Einsatz an mehreren Maschinen oder in mehreren organisationalen Bereichen wie Marketing im Verbund mit dem Vertrieb. Das hätte neben einer vielfältigen Tätigkeit der Mitarbeitenden den interessanten Nebeneffekt eines Krisentrainings, in dem immer wieder Anpassungen an neue Rahmenbedingungen erforderlich werden. Dabei geht es nicht darum, Effizienz zu negieren, sondern darum, im System gesunde Flexibilität, Anpassungsfähigkeit und Widerstandskraft zu ermöglichen.

> Es geht nicht darum, Effizienz zu negieren, sondern darum, im System gesunde Flexibilität, Anpassungsfähigkeit und Widerstandskraft zu ermöglichen.

Aus unserer Sicht ist Resilienzaufbau und Resilienzpflege also ein kontinuierlicher, reflexiver, kultureller Lernprozess anhand von lehrreichen Erlebnissen. Sie bilden die Grundlage für wertvolle Narrative, über die Sie ungeniert sprechen sollten!

> »Krise ist ein produktiver Zustand. Man muss ihr nur den Beigeschmack der Katastrophe nehmen.«
> Max Frisch, Schriftsteller

»Wir müssen die
Schwarm- intelligenz
anzapfen.«

Immer wieder werden Experimente zum Beleg von menschlicher Schwarmintelligenz herangezogen. So auch der Versuch des Verhaltensbiologen Jens Krause. Unter seiner Instruktion zogen ähnlich einem Fischschwarm 200 Testpersonen ziellos, aber konstant in Bewegung durch eine Messehalle. 20 Personen, sogenannte Leader, wurden angewiesen, die Masse dazu zu bringen, in eine bestimmte Richtung zu gehen. Dies sollte ohne Sprache und Gesten erfolgen. Dabei mussten die Teilnehmer den folgenden drei Schwarmgesetzen folgen:

1. Anziehung: in Richtung des Mittelpunkts der Individuen im nahen Umfeld bewegen;
2. Abstoßung: wegbewegen, sobald jemand zu nahe kommt;
3. Nachahmung: am Nachbarn orientieren und sich ungefähr in dieselbe Richtung bewegen.

Eines der Ergebnisse des Experiments: Die zehn Prozent reichten dafür aus, dass alle anderen hinterherliefen und sich in kürzester Zeit eine kreisende Bewegung formierte.

Vermehrt werden derlei komplexe Organisationsstrukturen aus der Natur in einen Zusammenhang gebracht mit organisationalen Mechanismen, Führungsdynamiken und Kommunikationsprozessen. Es wird davon gesprochen, »die Crowd zu befragen und die Schwarmintelligenz zu aktivieren«. Den hartnäckigen Ruf in Organisationen nach Schwarmintelligenz finden wir in mehrerer Hinsicht unpassend.

Mit dem Experiment sollte das Phänomen der Emergenz belegt werden: Aus dem einfachen Verhalten der Individuen bilden sich auf der Makroebene eines Systems in Folge des Zusammenspiels seiner Elemente neue Eigenschaften oder Strukturen heraus. Artgleiche Individuen können demnach über wenig lokale Regeln im Schwarm ein komplexes Problemlöseverhalten erreichen. Allerdings handelte es sich strenggenommen im beschriebenen Experiment gar nicht um ein rein emergentes Phänomen. Die Kriterien für ein sich selbst organisierendes System waren gar nicht gegeben, denn der Prozess der spontanen Systementwicklung geschieht ohne äußere Steuerung. Der Vergleich mit einem Superorganismus hinkt also. Aber Modelle sind ja bekanntermaßen vereinfachende Abbildungen der Realität und der Versuch, diese beschreibbar zu machen.

Des Weiteren kann der Schwarm allein nicht intelligent sein, er kann nur folgen. Wenn entsprechend den Schwarmgesetzen die Orientierung am Nachbarn erfolgt und mit dem Schwarm geschwommen wird, so verwundert es nicht, wenn viele gute Ideen in großen Gruppen sozial angepasst lieber nicht ausgesprochen werden oder viele gute Gedanken versanden, weil die Gruppe sie nicht aufgreift oder niederstampft. Der Schwarm kann veritablen Druck machen, die eigenen Ideen nicht zu verfolgen – Schwarmdruck müsste es wohl auch heißen, statt Gruppendruck.

Letztlich macht der Ruf nach Schwarmintelligenz den Wunsch deutlich, mithilfe kreativer Methoden und Settings zu Lösungen zu kommen, die sich bisher auf konventionellem Wege noch nicht gezeigt haben. Vielleicht weil man nicht die richtigen Fragen gestellt hat, aber das ist eine andere Sache. Es ist der Wunsch, das Wissen der Gruppe zu aktivieren, ohne dass dies in endlosen, unproduktiven Meetings endet, in denen jeder seinen »Input gibt« und alle »Meinungen mal zusammengefahren werden«.

Um wirklich neue Ideen zu entwickeln, sind unaufgeregte Formate gefragt, in denen die Individuen in kleinen Teams den Raum haben, in vertrauter, sicherer und ungestörter Atmosphäre zu denken. Im nächsten Schritt kann dann die notwendige soziale Dichte gegeben werden, z. B. um Ideen und Ergebnisse aus Kleingruppen in World Cafés oder mit anderen Großgruppenverfahren zu reflektieren. Nutzen Sie den Schwarm also nicht als Kreativitätsschmiede, sondern zum Realitätscheck und als Evaluationsinstanz am Ende.

> Nutzen Sie den Schwarm nicht als Kreativitätsschmiede, sondern zum Realitätscheck und als Evaluationsinstanz am Ende.

Zu guter Letzt sollten Sie sich der Wirkung der Metaphorik bewusst sein. Wenn Managerinnen und Manager ihr Konzept von Lösungsentwicklung anhand von Analogien aus dem Tierreich illustrieren, sollten sie sich fragen: Fühlen sich Mitarbeitende, die sich mit einem flinken Fisch, einer fleißigen Honigbiene oder einer Blattläuse züchtenden Ameise identifizieren sollen, wirklich zu höchsten Denkleistungen inspiriert?

»Selbstorganisation
steht bei uns
ganz oben auf der Agenda.«

Der Ruf nach mehr Selbstorganisation ist sinnlos. Denn diese ist bereits im Überfluss vorhanden. Menschen beweisen zu jedem Zeitpunkt, dass sie sich selbst organisieren können: Wenn sie sich den Wecker stellen, um pünktlich zur Arbeit zu kommen, wenn sie täglich die Regeln im Unternehmen befolgen oder auch Schlupflöcher finden, um diese nicht einhalten zu müssen, damit Prozesse laufen und Produkte und Dienstleistungen den Weg zur Kundschaft finden. Ohne eine gute Selbstorganisation der Mitarbeiterinnen und Mitarbeiter könnte Fremdorganisation nicht funktionieren.

> Ohne eine gute Selbstorganisation der Mitarbeiterinnen und Mitarbeiter könnte Fremdorganisation nicht funktionieren.

Diese Paradoxie ist vermutlich so alt wie das Organisieren selbst. Und in immer wiederkehrenden Wellen wird die theoretische und praktische Diskussion geführt, ob die eine oder andere Seite mehr zu betonen sei.

Fast immer versuchen die Verfechter der jeweiligen Überzeugung, über das Menschenbild zu argumentieren. Und so verwundert es nicht, dass die Überlegungen von Douglas McGregor aus dem Jahr 1960 eine Renaissance erleben. Gerade steht seine Theorie X in der Kritik, und man ist sich intellektuell und auf der Sprachebene einig: In Zeiten von Dynamik und Komplexität ist das Menschenbild vom unmündigen und verantwortungsscheuen Individuum nicht mehr zeitgemäß. Denn die Folge davon sind Hierarchie, stetige Kontrolle und kleinteilige Arbeitsanweisungen. Stattdessen wird ein Umfeld benötigt, in dem mündige Menschen sich selbst organisieren können, wie es Theorie Y beschreibt. Das dazu passende Angebot an Methoden und Konzepten ist entsprechend umfangreich. Ob Soziokratie, Holokratie oder Scrum, all diese Modelle basieren auf der Theorie Y und versuchen, die Fähigkeit der Mitarbeiterinnen und Mitarbeiter zur Selbstkoordination zu nutzen.

In der Praxis erlebt man allerdings immer noch ein von Misstrauen geprägtes Umfeld in Unternehmen. Nicht mehr so offensichtlich, wie es vermutlich McGregor vorfand, als er seine Forschung startete. Die Mittel des Managements, wie man die Menschen daran hindert, sich selbst zu organisieren, sind subtiler geworden. So zieren gut gemeinte Bevormundungen auf Aufklebern wie »Handlauf benutzen« Treppengeländer. Beurteilungssysteme – von 360 Grad bis zu »forced ranking« – organisieren Fremdbewertung der eigenen Leistung. Überbordende Prozesshandbücher dienen häufig nur noch der Absicherung und hinterlassen ein Gefühl der Entmündigung bei den Betroffenen.

Dieser Widerspruch verwundert, gibt es doch unzählige Beispiele aus der Natur, der Physik, aber auch aus der Soziologie, die zeigen, dass kein CEO benötigt wird, damit Leben entstehen kann oder dass sich Atome ordnen. Im Gegenteil: Diese Entwicklungen laufen vollkommen selbstorganisiert ab und können höchstens durch massive Eingriffe von außen verhindert werden.

Aufgrund der bisherigen Überlegungen schlagen wir vor, eine andere Perspektive auf Selbstorganisation einzunehmen: Der Verzicht auf Regeln, Methoden, Strukturen und vordefinierte Abläufe, an die sich die Mitarbeitenden mit viel eigenem Selbstorganisationsaufwand anpassen müssen, könnte dazu führen, dass Energie freigesetzt wird, die nicht länger für den Erhalt der Fremdorganisation aufgewendet werden muss. Und auch das gehört zur Ehrlichkeit: In einem Unternehmen, das auf Selbstorganisation setzt, wird die freie Energie vermutlich nicht gänzlich im Sinne des Kundennutzens und zum Unternehmenswohl eingesetzt werden.

Und natürlich kann man jetzt auch argumentieren, dass es durchaus unterschiedliche Kategorien der Selbstorganisation gibt. Der Aufwand, eine komplexe Aufgabe während eines Sprints zu einem funktionsfähigen Teilprodukt zu bringen, das der Product Owner dann auch beurteilen kann, ist durchaus beachtlich. Demgegenüber erscheinen die adaptiven Selbstorganisationsleistungen, die immer schon stattgefunden haben, fast schon banal und es fehlt ihnen der Glamour agiler Methoden. Im Kern sind sie jedoch nicht weniger anspruchsvoll. Es mag zwar sein, dass die Einhaltung eingeübter Regeln einfach ist, wenn jedoch die oder der Einzelne durch die Fremdorganisation sich bevormundet fühlt, wird der Selbstorganisationsaufwand schon erheblich größer. Führt man sich vor Augen, dass Abläufe und Abteilungsinteressen sich häufig widersprechen, dass Hierarchien miteinander konkurrieren und Methoden angewendet werden müssen, die offensichtlich zu einem unbrauchbaren Ergebnis führen, dann wird Selbstorganisation ausschließlich dazu benötigt, die Fremdorganisation zu erhalten.

Es bleibt eine Frage der Abwägung, jedoch nicht, ob Fremd- oder Selbstorganisation dem erlebten Menschenbild gerecht wird, sondern wofür Menschen die eigenen Fähigkeiten zur Selbstorganisation einsetzen sollen.

Appellieren Sie nicht an die Selbstorganisationsfähigkeit Ihrer Mitarbeitenden, sondern gehen Sie davon aus, dass diese Fähigkeit im Überfluss vorhanden ist. Stellen Sie sich aber aufrichtig die Frage, was im eigenen Unternehmen alles passiert, dass diese Fähigkeit nicht im Kunden- und Unternehmenssinne eingesetzt werden kann, sondern hauptsächlich zum Einhalten bzw. Unterlaufen der Fremdorganisation vergeudet werden muss. Und (fremd-)organisieren Sie es dann anders...

Teams

Billy Butcher zu MM und Frenchie: »*Hey, wartet ihr zwei! MM, was macht Sporty Spice gerade?*«

MM: »*Wer?*«

Billy Butcher: »*Sporty f...cking Spice! Was verflucht macht die gerade?*«

MM: »*Ich hab keine Ahnung.*«

Billy Butcher: »*Ganz genau! Und Posh? Weißt du, was die macht?*«

Frenchie: »*Ich verstehe nicht.*«

Billy Butcher: »*Sie designt Klamotten für Magersüchtige. Ja, nicht gerade ein Wachstumsmarkt.*
Und Baby? Weißt du, was die macht? Die macht einen Sch... dreck. Die schafft's nicht mal auf Seite sechs der Daily Mail. Und Scary Spice? Hat nen ganzen Arsch voll Gerichtsprozesse und Sex-Tapes am Hacken. Ginger hingegen hat zumindest drei Alben veröffentlicht. ›Passion‹, ›Schizophonic‹ und ›Scream If You Wanna Go Faster‹. Und sie alle bringen die Ohren zum Bluten. Ihr seht, wenn sie es allein versuchen, dann bringen sie es nicht, dann verbocken sie es.
Aber – wenn man sie zusammenbringt, dann sind sie die verfluchten Spice Girls.«

The Boys, Staffel 1, Folge 4

»Lassen Sie mich das in aller

Transparenz

offenlegen...«

Auf der Offenheitsskala zwischen Einblicken in Firmenkonten und Gehälter am einen Ende und der Tatsache, dass mancher Mitarbeitende von der Schließung des eigenen Standorts aus der Presse erfährt, am anderen Ende, liegt eine weitläufige Grauzone. In dieser Grauzone ist einiges durchsichtig und vieles trübe. Es gibt diverse Formen organisationaler (In-)Transparenz.

Beispielsweise kann das Bemühen um Intransparenz zu ungewollter Transparenz führen. In dieser offensichtlichen Verheimlichungsstrategie wird explizit nicht über Zahlen gesprochen oder notwendige Transformationen werden proaktiv verschwiegen. Häufig ist die Angst vor Unruhe der größte Hinderungsgrund für transparente Kommunikation. Diese emotionale Reaktion der betroffenen Verantwortlichen führt dazu, dass unangenehme Informationen lange zurückgehalten werden. Allerdings wird genau dadurch das Problem benannt, denn es liegt am Ort des Informationsvakuums.

Demgegenüber steht die vermeintliche Transparenz, die sich einstellt, wenn zwar Zahlen geliefert werden, dies aber in überbordender Weise, was letztlich wieder zu Intransparenz führt, da keiner mehr durchblickt.

Manchmal wird Transparenz auch ganz bewusst vermieden – wir bezeichnen das als selektive Intransparenz. In Aussagen wie »Ich kann meinen Leuten eine solche Transparenz nicht zumuten« zeigt sich die Prämisse, dass es jemanden gibt, der entscheidet, was anderen zugemutet werden kann. Das ist möglicherweise gut gemeint, aber letztlich entsteht die Intransparenz hier aus Überheblichkeit.

Am häufigsten aber ist das rhetorische Phänomen des »eigentlich eigentlichen Sprechens« anzutreffen, das der Sprachwissenschaftler Remigius Bunia pointiert herausgearbeitet hat. Intransparenz kann völlig transparent sein, wenn alle wissen, was gemeint ist, aber alle sich an die Regel halten, das nicht in eigentlicher Sprache zu sagen. Dieser elaborierte Kniff ist in organisationalen Kontexten in verschiedenen Variationen als Schönfärben, Schönreden und Herunterspielen zu beobachten. Da zeigt sich die Unternehmensspitze ganz vorne auf der Bühne vordergründig transparent und gibt Erklärungen ab, die auf einer völlig undurchsichtigen Hinterbühne möglicherweise sogar von der PR-Abteilung angeblich nah am Mitarbeiter ausgetüftelt worden sind. Das klingt dann im All-Hands-Meeting etwa so: »Im aktuellen Transformationsprozess befinden wir uns auf dem Höhepunkt der Flexibilitätsoffensive. In der optimierten Fokussierung auf die zukunftsgerichteten Aktivitäten unseres Unternehmens sehen wir einerseits eine große nicht-negierbare Herausforderung...«. So wird dann anhand von vielen Folien eine Stunde weiterschwadroniert. Aber auf den Punkt gebracht heißt das: »Wir kürzen, was das Zeug hält, und stellen die Hälfte der Belegschaft frei. Die verbleibenden Geretteten sollen motiviert die Arbeit von Zweien machen.«

Etwas schwieriger wird es, wenn ein Restkörnchen Wahrheit in der Verschleierung enthalten sein könnte. So zum Beispiel, wenn Bereiche des Unternehmens in einem Outsourcing-Prozess in eine andere Organisation übergehen und den Betroffenen suggeriert wird, dass sie sich mit den Werten der aufnehmenden Gesellschaft besser identifizieren können.

Hier stellt sich die Frage, wie viel Transparenz die Organisation überhaupt verträgt? Wann ist der richtige Zeitpunkt, um »ganz offen« über möglicherweise unumgängliche Veränderungen oder gar Kündigungen zu sprechen. Die Antwort ist einfach: Die Wahrheit kann schmerzlich sein – für diejenigen, die sich verändern oder gehen müssen, ebenso wie für diejenigen, die bleiben (dürfen), und auch für die Überbringer der Information. Aber die Menschen vertragen manchmal mehr Wahrheit, als man in seiner eigenen emotionalen Betroffenheit oder Arroganz glaubt. Im Gegenteil: Das Wissen und die daraus möglich werdende Akzeptanz der unabänderlichen Umstände mobilisieren die vom Psychologen Alfred Bandura beschriebenen Selbstwirksamkeitsprozesse.

> Die Menschen vertragen manchmal mehr Wahrheit, als man in seiner eigenen emotionalen Betroffenheit oder Arroganz glaubt.

Das Wesen der Transparenz ist undurchsichtig. Egal, wie man sich in die eine oder andere Richtung auch bemüht – Transparenz kann vernebeln, Intransparenz vieles offenlegen.

»Wir brauchen mehr
Unternehmertum
im Unternehmen!«

Widersprüche haben ihren Reiz. Und noch spannender kann es sein, sie nicht nur zu konstatieren, sondern sich der Herausforderung zu stellen, den Gegensatz aufzulösen. Damit wären dann die oft zitierten dritten Wege oder Sowohl-als-auch-Strategien angesprochen. Also: weder das eine noch das andere und stattdessen etwas Neues tun. Oder: das eine tun und das andere nicht lassen. Letzteres hatte wohl Gifford Pinchot III Ende der 1970er Jahre im Sinn, als er den Begriff »Intrapreneurship« prägte. Er suchte nach Wegen, unternehmerisches Handeln auch für Angestellte zu ermöglichen. Die entsprechende Publikation lautet: »Why You Don't Have to Leave the Corporation to Become an Entrepreneur.« Die Diffusion des Begriffs in die Organisationspraxis hat verhältnismäßig lange gedauert. Seit etwa einem Jahrzehnt gehört jedoch die Forderung nach mehr »Unternehmern im Unternehmen« zum Standardrepertoire kultureller Neuaufbrüche aller Art.

Die Idee dahinter ist nachvollziehbar. Wenn Mitarbeitende sich aufgrund gewisser Freiräume und Gestaltungsmöglichkeiten so verhalten können, als ginge es um ihr eigenes Geld, entsteht eine Win-win-Situation. Das Unternehmen profitiert davon, dass auch diejenigen im Sinne des großen Ganzen (mit-)denken, die nach klassischem Verständnis nur die Ideen des Unternehmens umsetzen sollen. Und die Beschäftigten gehen motiviert zu Werke, weil sie eigene Vorstellungen umsetzen und ihre Selbstwirksamkeit erfahren können. Das ist der Boden für Innovationen und in der Folge auch für finanziell messbaren Erfolg.

Wenn man Intrapreneurship wirklich ernst nimmt, gehen die Freiräume sogar noch weiter. Es sind vor allem die üblichen Verdächtigen aus dem Silicon Valley, die es zulassen, dass Mitarbeitende vom Tagesgeschäft für ein nennenswertes Pensum pro Woche freigestellt werden. Die Mitarbeiter erhalten, wenn man so will, bezahlte Zeit zum Spinnen – und gründen neue Firmen, an denen sie dann im Idealfall beteiligt sind. Dann ist zumindest die Verwendung des Wortes »Unternehmertum« berechtigt.

Ob das unerwünschte Nebenfolgen mit sich bringt und das Phänomen des »strukturellen Egoismus« begünstigt wird, ist eine andere Frage. Denn internes Unternehmertum könnte auch als Fortsetzung der auf das Individuum zugeschnittenen Incentivierungslogik mit neuen begrifflichen Mitteln interpretiert werden. Wenn alle Unternehmerinnen in eigener Sache sind, besteht zumindest die Gefahr, dass sämtliche Themen jenseits des eigenen zur Nebensache werden.

> Internes Unternehmertum könnte auch als Fortsetzung der auf das Individuum zugeschnittenen Incentivierungslogik mit neuen begrifflichen Mitteln interpretiert werden.

In vielen, letztlich den meisten Fällen sollte man skeptisch sein, wenn in Konzernleitbildern das Wort »Unternehmertum« auftaucht. Es ist nämlich für Mitarbeitende keinesfalls immer opportun, unternehmerische Tugenden im Sinne eines »Einfach machen!« an den Tag zu legen. So scheiterte in einem Fall die Umsetzung der Geschäftsidee schon in einem sehr frühen Stadium, weil vergessen wurde, das standardisierte Projektantragsformular von den Vorgesetzten abzeichnen zu lassen. In einem anderen Fall wurde eine Teamleiterin zurückgepfiffen, da sie einen bestens geeigneten und von allen Teammitgliedern ausgewählten Kandidaten deshalb nicht einstellen durfte, weil er nicht das offizielle Assessment-Programm der Potenzialkandidaten durchlaufen hatte.

So ehrenwert der Versuch ist, Unternehmertum in die Organisationslogik zu integrieren, so wenig lässt sich ein offenkundiger Widerspruch ignorieren: Könnte es sein, dass sich Menschen nicht ganz zufällig für den Status von – nennen wir es beim nüchternen Namen – abhängig Beschäftigten entschieden haben? Und könnte es sein, dass der Terminus »Unternehmertum im Unternehmen« ein Oxymoron ist?

> **Könnte es sein, dass der Terminus »Unternehmertum im Unternehmen« ein Oxymoron ist?**

Wir empfehlen Ihnen folgenden Schnelltest, wenn Ihre Organisation von den Führungskräften und Mitarbeitenden unternehmerisches Denken und Handeln verlangt. Sollte Sie auch nur einmal mit »Ja« antworten, beauftragen Sie bitte die interne Kommunikation oder die HR-Abteilung, den Begriff »Unternehmertum« aus dem Leitbild und aus dem Katalog der Forderungen zu streichen:

1. Bestehen Unterschriftenerfordernisse im Sinne eines Zwei- oder Mehraugenprinzips auch dann, wenn es keine formaljuristische Notwendigkeit im Außenverhältnis gibt?
2. Existiert eine Logik, die zu einem hektischen und nicht zwingend sinnvollen Ausgeben des Restbudgets am Jahresende führt?
3. Gibt es ein Ideenmanagement, das das Einreichen von Ideen und deren anschließende Bewertung durch eine Jury oder eine bestimmte Führungsebene vorsieht?
4. Wird die Strategie im kleinen Kreis durch die Unternehmensspitze definiert – und soll anschließend »herunterkaskadiert« werden?
5. Haben die Teams bei der Auswahl und Einstellung neuer Teammitglieder zwar ein Mitspracherecht, aber nicht das letzte Wort?

»Unser Miteinander ist von gegenseitigem

Vertrauen

geprägt.«

Sobald von Vertrauen die Rede ist, machen Sprichwörter die Runde, die sich tausendfach in Smalltalks bewährt haben. Besonders häufig wird die Aussage bemüht, dass Vertrauen gut, Kontrolle aber besser sei. Dieser Satz, nicht ganz unumstritten Lenin zugeschrieben, wird jedoch – zumindest im modernen Organisationsdiskurs – umgehend zurechtgerückt. Die Zeiten der Kontrolle seien vorbei, heißt es dann. Am Ende gebe es keine andere Chance, als zu vertrauen. Schließlich sei Vertrauen das Schmiermittel der Organisation, ohne das eine funktionierende Zusammenarbeit nicht denkbar wäre. Also gelte es, Kontrolle endlich hinter sich zu lassen und »eine Vertrauenskultur zu leben«.

Ob im Reden über Vertrauen wirkliche Überzeugungen geäußert oder nur sozial erwünschte Aussagen formuliert werden und wie es sich mit der berühmten Diskrepanz zwischen Erkenntnis und Umsetzung verhält, lässt sich natürlich nur im Einzelfall analysieren. Sobald man sich aber mehr zumuten möchte, als es ein intuitives Alltagsverständnis von Vertrauen hergibt, wird es etwas komplizierter – und zugleich erhellend. Der scharfsinnige und weder sozialromantischen noch ökonomisch verengten Perspektiven zugeneigte Organisationstheoretiker Günther Ortmann hat einen aufschlussreichen Vertrauensbegriff entwickelt. Einige Aspekte:

1. Wann immer ein Zustand des Vertrauens existiert, so handelt es sich um ein Nebenprodukt. Sobald Vertrauen das unmittelbare Objekt des Bemühens ist, sollte man sich die Arbeit sparen. Vertrauen ist intendiert nicht zu erreichen. Kennen Sie die (sicherlich gut gemeinten) Initiativen von Vorstandsmitgliedern, eine Open Door Policy ins Leben zu rufen? »Meine Tür ist immer offen, ich habe keine Geheimnisse, im obersten Stock herrscht eine Kultur des Vertrauens« – so oder ähnlich lautet die Story. Eine weitere Variante aus dem Katalog der Machbarkeitsillusionen. Daran ändert sich auch nichts, wenn man den Spieleinsatz erhöht: So nahm in einem konkreten Fall die Belegschaft die Einladung des wohl allzu durchsichtig um Vertrauen werbenden CEO nicht an, den Oldtimer des Chefs für eine Spritztour auszuleihen.

2. Die Vorstellung, dass Vertrauen ein Zug-um-Zug-Geschäft ist, greift zu kurz. Vertrauen wird geschenkt, nicht getauscht. Et-

was pathetisch ließe sich sagen: Es ist eine Gabe. Kalkül und Vertrauen sind Antagonisten. Das schließt aber nicht aus, dass man sich beispielsweise von der Abschaffung sämtlicher Reportingverpflichtungen des Außendienstes – als Nebeneffekt – eine höhere Loyalität und auch eine Einsparung von Verwaltungskosten erhoffen darf, solange nicht der Deal »Freiraum gegen Mitarbeiterbindung« offensichtliche Triebfeder war.

3. Vertrauen ist nicht mit Verlässlichkeit gleichzusetzen. Der Glaube an die Verlässlichkeit eines technischen Systems ist etwas anderes als der Glaube an eine moralische Qualität. Vertrauen in Menschen oder Organisationen unterscheidet sich grundlegend vom Vertrauen in Technik oder die in Professionalität von Netzwerkpartnern, auf deren Bereitschaft zur Kooperation man sich aufgrund von Verträgen oder Machtverhältnissen verlassen kann. Wer fest von der Fehlerfreiheit des ERP-Systems ausgeht, vertraut nicht, sondern glaubt an die Verlässlichkeit der Software. Und auch eine zuverlässige Beziehung zu einem Lieferanten – auch wenn sie von einer Begegnung zwischen Menschen geprägt ist – muss nicht unbedingt etwas mit Vertrauen zu tun haben.

4. Vertrauen ist das Medium, das die Lücke zwischen Gegenwart und Zukunft schließt. Damit das gelingt, muss zwangsläufig mit einer Fiktion gearbeitet werden. Um von Vertrauen reden zu können, muss im ersten Schritt unterstellt werden, dass es bereits vorhanden ist, obwohl die Prüfung auf Tragfestigkeit erst noch aussteht. Vertrauen ist eine sonderbare fragile Veranstaltung. Die Führungskraft, die sich verwundbar macht, muss dies mit der routinierten Selbstverständlichkeit tun, die es mangels Erfahrung nicht geben kann. Tragend ist der Glaube daran, dass die anderen das geschenkte Vertrauen nicht enttäuschen oder ausbeuten werden. Die Fragilität besteht darin, dass der erste Schritt in Form eines Zutrauens

> Um von Vertrauen reden zu können, muss im ersten Schritt unterstellt werden, dass es bereits vorhanden ist.

gegangen werden muss, zu einem Zeitpunkt, an dem unklar ist, ob es gerechtfertigt ist.

Wir wagen die These, dass Verlässlichkeit das entscheidende Schmiermittel ist, das die Organisation mit ihren Transaktionen am Laufen hält. Vermutlich ist vieles, was im Organisationskontext als Vertrauen bezeichnet wird, nur eine Form von Verlässlichkeit. Letztere ist essenziell, aber doch nur ein Hygienefaktor für Professionalität – und dafür, dass »der Laden läuft« und überlebt. Ein noch so verlässliches System kann immer noch in eine Kultur des Misstrauens eingebettet sein.

Vertrauen geht über Verlässlichkeit hinaus. Es ist keine Währung und keine Ware, sondern unmittelbar an Menschen jenseits einer transaktionalen Beziehung gekoppelt. Vertrauen ist das »Sahnehäubchen«, aus dem Höchstleistung entsteht und das die Organisation zu etwas Besonderem macht. Und noch ein Schluss liegt nahe: Je dichter das Netz der Verlässlichkeit gewoben wird, desto wahrscheinlicher wird es, dass Vertrauensangeboten misstraut wird. Es könnte klug sein, die eine oder andere Verlässlichkeitslücke in Kauf zu nehmen und sich dadurch verwundbar zu machen. Dies wollen wir natürlich metaphorisch verstanden wissen – nicht gemeint ist beispielsweise ein laxer Umgang mit Sicherheitsthemen. Wir erinnern uns an einen Hamburger Headhunter, der uns sagte: »Ich mache keine Verträge. Es ist wie beim Schuhkauf: Alle wissen doch, dass sie am Ende an der Kasse vorbeigehen müssen.« In 15 Jahren musste er nur ein einziges Mal seinem Honorar hinterherlaufen. Wenn man es transaktional ausdrücken will: ein geringer Preis für Vertrauen, oder?

> *»Man verscherzt sich seine Vertrauenswürdigkeit im Maße kalkulierter Bemühung darum.«*
> Günther Ortmann, Organisationstheoretiker

Vision.«

Joseph Schumpeter war der erste Volkswirt, der zu Beginn des 20. Jahrhunderts erkannte, dass in den ökonomischen Modellen der Aspekt des schöpferischen Gestaltens und Zerstörens fehlte. Jenes visionäre und psychologische Element, das das Unternehmerische in sich trägt und das sich im Gestaltungswillen erklärt.

Dieses Visionäre ist nicht planbar, sondern entspringt einer Idee. Interessant scheint jedoch der Umkehrschluss, den man immer wieder beobachten kann. Wenn Zukunft mehr denn je von Ungewissheit und Überraschungen geprägt ist, muss das Management Visionen vorweisen können. Große tragende Vorstellungen, die ganz oben in der Spitze der Zielhierarchien stehen, sind auf einmal gefragt. Nicht so groß, dass sie utopisch wirken, aber groß genug, dass sie nicht gleich morgen erreicht werden können. Das scheint Menschen in Unternehmen anzuziehen. Das Versprechen lautet: Wenn man eine Vision für das Unternehmen aufzeigen kann, dann kann man die Mannschaft hinter sich bringen. Dann gelingt es, den Menschen in der Organisation das »Warum« zu geben, nach dem alle gemeinsam streben können.

Man braucht somit keine Pläne mehr für die Zukunft. Also plant man einen Visionsprozess. Dass dabei nichts rauskommen kann, liegt auf der Hand.

Mit Sicherheit gab es einige tolle Visionen. Gerne als Beispiel angeführt wird die von John F. Kennedy aus dem Jahr 1961: »I believe that this nation should commit itself to achieving the goal, before this decade is out, of landing a man on the moon and returning him safely to the earth.« Die Realisierung dieser Vision ist Geschichte, dauerte acht Jahre, kostete drei Astronauten das Leben und nach heutigen Maßstäben 120 Mrd. US-Dollar. Außerdem waren 400.000 Menschen daran beteiligt.

Dieses Beispiel macht klar, dass Visionen Visionäre brauchen. Menschen, die die Fähigkeit haben, eine Zukunft zu sehen und diese für andere sichtbar zu machen. Visionen reichen aber auch weit über Worte und begeisternde Ansprachen hinaus. Sie müssen in Taten verwandelt werden. Und dieses Tun kann, wie im Beispiel der Mondlandung zu sehen ist, anstrengend sein kann.

> Visionen brauchen Visionäre.

Und dann gibt es noch die immer wieder zitierte Aussage von Helmut Schmidt im Bundestagswahlkampf 1980. Der Bundeskanzler antwortet auf die Frage, wo denn im Vergleich zu Willy Brandt seine große Vision sei: »Wer eine Vision hat, der sollte zum Arzt gehen.« Auch wenn dieses Zitat verkürzt wiedergegeben ist und Schmidt seine Aussage selbst fast 30 Jahre später im Zeit-Magazin revidierte, als er von einer »pampigen Antwort auf eine dusselige Frage« sprach, bringt es dennoch einen sehr gefährlichen Aspekt auf den Punkt: Visionen können – vielleicht nicht unbedingt zum Arzt – aber doch ins Abseits führen. Das genau gehört zu einer Vision dazu. Sie kann mit hoher Wahrscheinlichkeit wie eine Seifenblase zerplatzen. Das scheint sich jedoch noch nicht in Unternehmen herumgesprochen zu haben. Darum werden sie weiterhin fleißig in Tagesworkshops entwickelt – diese sogenannten Visionen. Die Ergebnisse klingen dann meist so: »Wir setzen uns leidenschaftlich für unsere Produkte ein«, »Wir bieten Qualität und arbeiten Hand in Hand...« oder »Wir erwirtschaften für unsere Aktionäre den größtmöglichen Ertrag«. In der Regel ist das, was herauskommt,

»visionslos« – und darum auch ungefährlich. Damit kann man nicht scheitern. Für solche Parolen werden dann schauspielerisch unbegabte CEOs auf die Bühne gezwungen und müssen versuchen, die Rolle des Visionärs zu spielen. Doch dafür werden sie zwangsläufig irgendwann in Ungnade fallen, wovor der Managementforscher Henry Mintzberg warnt. Denn eine echte Vision kann man vor seinem geistigen Auge sehen, die vergisst man nicht und die muss man auch nicht niederschreiben. »Was für ein großartiger Test für all diese banalen Aussagen, die sich ›Visionen‹ nennen!«

Wenn Sie also eine wirkliche Vision haben, seien Sie sich bewusst, dass die Umsetzung Aufwand ist. Und wenn Sie keine haben, dann werden Sie diese auch nicht in einem Ein-Tages-Workshop entwickeln. Vielleicht müssen Sie aber auch gar nicht krampfhaft danach suchen. Machen Sie einfach einen guten Job.

»Höhere Wertschöpfung durch mehr
Wertschätzung.«

Im Begriffskosmos der weichen Faktoren kommt man sich bisweilen vor wie im Ruhrgebiet. Kaum nähert man sich der nördlichen Grenze des einen Ortes, befindet man sich schon längst im Süden des nächsten. Eine Trennlinie lässt sich kaum ausmachen. Im Organisationsalltag ist es ebenso: War etwa gerade noch von Wertschätzung die Rede, die wiederum mit Lob und/oder Anerkennung erklärt wurde (oder umgekehrt), steht man nach einem kurzen Zwischenstopp bei Toleranz unversehens in einer Diskussion über Respekt und landet nach einem erneuten Rückgriff auf Anerkennung bei Vertrauen. Das scheint in der Natur der Sache zu liegen. Doch versuchen wir, uns auf das Phänomen der Wertschätzung zu konzentrieren. Sie wird alleine schon nach dem Maßstab des gesunden Menschenverstandes als immens wichtig für das Funktionieren jeglicher Form von Interaktion und Zusammenarbeit angesehen. Interessanterweise lässt sich in soziologischen Wörterbüchern weder ein Eintrag zu Wertschätzung noch zu ihrem Gegenteil (Geringschätzung) finden. Dort ist – anders als in der Organisationspraxis – häufiger von »sozialer Anerkennung« die Rede. Das Institut für Gesellschaftswissenschaften der Universität Magdeburg versteht unter Wertschätzung eine subjektiv positiv empfundene Statuserfahrung, die aus der alltäglichen Interaktion mit anderen entstehen kann – etwa über soziale Vergleiche oder in konkreten Handlungssituationen. Damit ist das ganze

Spektrum individueller sozialer Anerkennung angesprochen – von der kleinen Belobigung bis zur tiefen Ehrerbietung. Geringschätzung ist eine davon getrennte Dimension und meint sämtliche Varianten individueller sozialer Abwertung – von der subtilen Nichtbeachtung bis zur offenen Herabwürdigung. Diese Dimensionen liegen allerdings nicht auf einer Achse, denn viel Wertschätzung heißt nicht automatisch weniger Geringschätzung.

Zwei Aspekte sind hier aufschlussreich. Zum einen wird hier der schwäbischen Variante sozialer Anerkennung eine deutliche Absage erteilt: Nicht geschimpft ist eben noch lange nicht wertgeschätzt. Zum anderen weist die angesprochene Bandbreite darauf hin, dass ein »Gut gemacht!« für den einen bereits Wertschätzung bedeutet, für die andere hingegen noch nicht einmal ansatzweise als solche wahrgenommen wird. Wie bei jeder Art von Kommunikation bestimmen nicht die Sender, was ankommt. Es handelt sich um ein hochkomplexes Spiel, in dem Vorerfahrungen und Haltungen der beteiligten Personen, Handlungssituation, Kontext und nicht zuletzt der die Musik machende Ton eine Rolle spielen. Folglich sollte man sich von jeglichen unterkomplexen Handlungsanweisungen hüten, die beispielsweise »Lobe die Mitarbeitenden einmal täglich« enthalten. Auch etwas ausgereiftere Strategien machen es nicht besser, weil jede Intervention unter dem Anfangsverdacht steht, dass die Chefin gerade von einem Seminar zur Mitarbeiterführung zurückgekehrt ist – dies gilt vor allem dann, wenn sie der Mitarbeiterin die Frage »Wie geht es Ihnen eigentlich so?« nach deren zehnjähriger Betriebszugehörigkeit zum ersten Mal stellt.

> **Nicht geschimpft ist noch lange nicht wertgeschätzt.**

Was folgt daraus? Wie so oft bei den sogenannten weichen Themen zeigt sich, dass der Wunsch nach Machbarkeit aufgegeben werden muss. Zumindest läuft die verlockende Idee der Kausalität »A tut X, wodurch B Wertschätzung erfährt« ins Lee-

> Welche Strukturen, Regeln, Prinzipien und Routinen symbolisieren Geringschätzung?

re. Damit die in fast jeder Organisation angemahnte »Kultur der Wertschätzung« eine Chance hat, plädieren wir für eine ehrliche Auseinandersetzung mit der Frage: Welche Strukturen, Regeln, Prinzipien und Routinen symbolisieren Geringschätzung? Gehen Sie in Gedanken detailliert einen Arbeitstag durch – vom Betreten des Gebäudes (oder mit Einwahl in die Videokonferenz) über die Teilnahme an verschiedenen Meetings bis hin zur letzten versendeten Mail am Abend. Wie oft erleben Sie Momente, in denen das Poster im Aufzug mit dem Aufdruck »Danke an das gesamte Team!« einen sehr schalen Beigeschmack bekommt.

Davon abgesehen: Wie häufig hapert es bereits an den grundsätzlichen Dingen, die gemeinhin als Anstand, Höflichkeit oder gutes Benehmen bezeichnet werden? Was sagt es über eine Organisationskultur aus, wenn viele dieser absolut selbstverständlichen Tugenden – neben Wertschätzung beispielsweise die noch basalere Kategorie des Respekts – überhaupt erwähnt werden müssen? Das ist in etwa so, als würde ein Lebensmittelhersteller einen Kinderjoghurt mit dem Slogan »Garantiert ohne Lösungsmittel« bewerben.

Die Chance des Perspektivenwechsels gezielt nutzen

Das Anliegen dieses Buches ist: Persönlichkeitsentwicklung durch den spielerischen Umgang mit Perspektiven. Klaus Vollmer stellt praxisorientiert verschiedene Möglichkeiten des Perspektivenwechsels vor und greift dazu auf Modelle, Theorien und Methoden der Psychologie zurück. Er veranschaulicht seine Ideen unterhaltsam durch filmische Beispiele sowie Techniken der Regie und Kamera. So vermittelt er fundiert und anschaulich zugleich, wie es gelingen kann, die unterschiedlichen Perspektivenwechsel zur Persönlichkeitsentwicklung zu nutzen.

»Dieses Buch ist ein echter Knüller im Beltz-Frühjahrsprogramm. Klaus Vollmer [...] gibt sein Wissen über die Menschen und ihre inneren Nöte in einem sehr warmherzig geschriebenen Buch weiter. [...] Vollmers Botschaft: Der Perspektivenwechsel zählt in vielen Situationen zu den mächtigsten Tools, die einem zur Verfügung stehen.«
wirtschaft + weiterbildung, 07/08 2019

»TA-Fazit: Sehr ansprechender und gut ausgearbeiteter Ansatz für eine breite Zielgruppe.«
Martina Cyriax, Training aktuell, Juli 2019

Klaus Vollmer
Perspektivenwechsel als Methode
Strategien, Tools und Übungen zur Persönlichkeitsentwicklung. Mit Beispielen aus Film, Regie und Kamera. Mit E-Book inside
2019. 273 Seiten. Gebunden.
ISBN 978-3-407-36667-2

www.beltz.de

BELTZ